KB196537

풍미 마스터 클래스

풍미 마스터 클래스

한 끗 차이로 맛의 차원을 높이는 '제리코 레시피'의 특급 풍미 노하우

백지혜 지음 정멜멜 사진

;

Mauviel1830

PROLOGUE

수업을 하지 않는 날에는 특별히 예약을 받아 손님을 맞이하는데, 코스 요리 중 가장 반응이 좋은 메뉴는 카치오 에 페페(Cacio e Pepe) 파스타입니다. 직역하면 치즈와 후추라는 뜻으로, 꼬릿한 페코리노 로마노 치즈와 알싸한 후추가 주인공인 파스타라고 할 수 있겠습니다.
카치오 에 페페 파스타를 맛있게 먹기 위해 특히 신경 써야 할 것은, 후추의 적절한 선택과 소금을 넣고 삶은 파스타 면의 익힘 정도입니다. 여기에 페코리노 로마노 치즈의 풍미가 어우러져 맛을 완성시키죠. 후추는 톡 쏘듯 짧게 스치는 매운맛을 위해 흑후추를 기본으로 쓰고, 그때그때 갈아서 쓰는 혼합 후추로 향미를 냅니다. 이 간단한 조합에서 나오는 음식의 풍미가 어찌나 매력적인지 제 식당에서 맛을 본 분들의 반응이 한결같이 좋았습니다. 계절마다 내는 음식이 여러 번 바뀌었어도 이 파스타만큼은 앞으로도 바뀔 것 같지 않습니다.

『파스타 마스터 클래스』와 『채소 마스터 클래스』에 이어 『풍미 마스터 클래스』로 다시 독자분들께 인사를 드립니다. 친구들에게 요리를 해서 낼 때면 "음식이 너를 닮았다."라는 소리를 종종 듣곤 하는데, 만든 이를 닮은 요리라는 표현이 저에겐 최고의 칭찬으로 들립니다.
이번 책의 주제를 정하기까지 제 요리의 정체성과 방향성에 관한 고찰의 시간이 있었습니다. 한동안 저는 사람들을 만날 때마다 '풍미'에 관해 물어보았지요. 독자분들께도 같은 질문을 하고 싶었습니다. 여러분에게 풍미 있는 음식이란 어떤 의미인가요?
깊은 맛을 내는 음식, 질 높은 음식, 감칠맛이 느껴지는 음식, 간이 잘 맞고 밸런스가 좋은 음식 등 맛에 대한 궁극적인 표현과 찬사가 떠오르시나요? 이런 대답들은 우리가 미각으로 즉각 느끼는 달고, 시고, 짜고, 쓰고, 매운 맛의 직접적인 경험 바깥의 감각적인 부분을 반영합니다. 맛있는 음식을 표현할 때 사람들이 숨 쉬듯이 자주 쓰는 '풍미'라는 단어를 사전에서 찾아보았습니다. '음식의 고상한 맛' 외에는 덧붙여진 부가 설명이 없습니다.
그래서 저는 명료하게 설명하기 어려운 풍미를 제 방식으로 해석해보았습니다.

맛의 멋.

저에게 풍미란 바로 '맛의 멋'입니다. 사람으로 바꿔 말하면 그저 예쁘고 잘생긴 이들을 가리켜 멋지다고 하지 않습니다. 멋짐을 이야기할 때 개인의 취향과 다양한 경험들이 반영되는 것처럼, 맛있는 음식에도 전문적인 기술 너머에 있는, 한마디로 정의 내리기 어려운 수많은 감각들이 존재한다고 생각합니다.
송로버섯(트러플) 향신료와 같은 자연 재료부터 잘 숙성된 와인이나 치즈, 각종 장류 등의 발효 음식, 올리브유 혹은 참기름, 들기름, 식초, 소스, 맛있게 구운 빵, 계절과 날씨에 의해 자연건조된 무청 시래기로 만든 국이나 육수를 사용한 뜨끈한 요리들, 잘 삶은 수육과 불맛을 입힌 꼬치구이, 시어링이 잘된 스테이크, 이 외에도 제철 식재료들의 풍성한 식감이나 향미처럼 풍미를 결정하는 다양한 요소와 감각이 존재합니다.
이 책에서 소개하는 요리들은 채소를 기반으로 하되 액젓, 버터, 달걀 등을 사용하고, 다양한 허브와 향신료로 컬러감과 원재료와의 조화를, 멋들어진 맛의 다채로움을, 그런 풍미의 요소를 선보입니다. 우리는 모든 것들이 과하고 자극적인 양념 앞에서 때때로 미각과 후각이 마비되는 경험을 합니다. 반대로 재료를 익히지 않았을 때와 양념이 진하지 않은 음식을 접할 때 우리의 감각은 좀 더 예민하고 다양한 안테나를 발동시킵니다. 때론 비움의 미학에서 맛의 본질과 재료의 고유한 풍미를 느끼기도 하는 것처럼요.

『채소 마스터 클래스』를 펴낸 이후, 코로나로 오랜 기간 묶여 있던 발은 다시 자유로워졌고, 어떻게 버텼을까 싶을 만큼 지난했던 그 시절을 잘 건너온 것에 감사하다는 생각을 합니다. 열다섯 살 강아지 구름이가 떠난 이후 길에서 운명처럼 만난 고양이를 구조해 록산이의 이름 앞자를 따서 록희라고 지었고, 같이 구조한 친구와 그때의 인연으로 함께 살고 있습니다.
저는 그 사이에 두 번의 이사를 했고, 현재 연남동으로 옮긴 작업실의 부엌을 터전으로 식당이라는 새로운 도전도 시작했습니다. 아담한 공간만큼이나 작은 냉장고에는 그때그때 필요한 만큼의 식재료를 보관하고 그것들을 전부 탕진하는 기쁨을 누리고 있습니다. 상상 속의 조합으로 만들어진 레시피를 직접 만들고 맛보았을 때 그 결과가 상상과 일치하면 저는 그게 그렇게 기분이 좋고 짜릿합니다. 『풍미 마스터 클래스』 속 여러 창작 요리들은 그렇게 만들어졌습니다.

Jericho

이번에도 팀 어벤저스가 다시 모였습니다. '텍스처 온 텍스처'의 정멜멜 사진 작가는 매번 기대 이상의 결과물로 감동을 선사하는 아티스트입니다. 촬영의 모든 과정을 함께하며 스타일링과 꼼꼼함을 담당한 정수호 씨, 스페셜 어시스턴트로 활약해준 나의 친구이자 요리 선배 조수란, 그리고 세미콜론 출판사의 김지향 편집자와 '온마이페이퍼' 정해진 디자이너께 감사의 인사를 전합니다. 하필이면 가장 더운 7월과 8월에 무거운 짐을 들고 집과 작업실을 오가며 촬영하느라 다들 고생을 했는데, 그 시간이 이상하리만큼 즐거웠습니다. 다시 나와 함께 작업해주어 정말 고맙습니다.

제철 음식과 계절을 온전히 누리며 사는 것이 제가 추구하는 인생의 가치라면, 앞으로의 날들도 세계의 다양한 음식을 맛보고 그 경험들을 요리 수업과 식당에서 녹여내어 사람들과 함께 나누며 살아가고 싶습니다.
잘 챙겨 드세요. 어디에서든!

백지혜

THE FOOD LAB
The Noma Guide to Fermentation
Six Seasons
PLENTY MORE
estela

PASTA MASTER CLASS
Marshall

수프

차갑게 먹는 요리

따뜻하게 먹는 요리

면과 밥

Jericho Recipe

나의 풍미 팬트리

MY FLAVOR PANTRY

Honey Vanilla Chamomile
CELESTIAL
HERBAL TEA Caffeine Free
KUSMI TEA
TRUFFLE
EXTRA VIRGIN OLIVE OIL
NIELSEN-MASSEY
VANILLA BEAN PASTE
Maldon
SEA SALT FLAKES
Guérande
Sel de Guérande
TRADER JOE'S
EVERYTHING but the BAGEL SESAME
SEASONING BLEND
21 Seasoning Salute
Pink Pepper
365
Caraway Seed
gewürz SALZ
Simply Organic
DILL
CHERVIL
CHIVES
SAGE
CINNAMON POWDER
NUTMEG POWDER
Dill Weed
Ducros
Italien
Cumin
Carmencita
DEL MAR
스타아니스
STAR ANISE
RED SICHUAN PEPPER
올스파이스
ALLSPICE
ORGANIC HERB SALT

실온에 늘 비축해두는 재료

1 소금
SALT

요리 과정에서 빠질 수 없는 재료인 소금은, 과하게 쓰면 독이 되지만 적정하게 사용하면 음식 맛의 판도가 달라질 만큼 중요한 양념이다. 소금은 각 재료의 맛을 살려주고 단맛을 증폭시키며 음식의 풍미를 높이는 역할을 한다. 소금을 조금 더했을 뿐인데 훨씬 명징하게 느껴지는 맛과 향에서 소금이 단순히 음식에 간을 더하는 것 이상의 역할을 하고 있다는 것을 알 수 있다.

쿠킹 클래스에서도 항상 강조하는 것이 '적절한 간'인데, 결국 간을 잘 하는 것이 재료의 선택만큼이나 요리 실력을 판가름하기도 한다. 음식의 풍미를 높이기 위해 담그는 레몬소금이나 매실을 소금에 절이는 우메즈케를 만들 때 쓰는 소금부터, 파스타 삶을 때, 채소를 데칠 때, 간을 맞출 때, 요리의 마무리에 킥으로 쓰는 소금 등, 음식의 종류나 용도에 따라 어떤 소금을 쓰는지 알아두는 것은 요리 생활에 큰 도움이 된다.

소금은 크게 천일염과 정제염으로 나뉜다. 천일염은 염전에서 바닷물을 바람과 햇볕에 수분을 증발시켜 만드는 방식이다 보니, 다른 소금에 비해 염도가 낮아 덜 짜고 약간의 쓴맛이 특징으로 알려져 있다. 천일염의 미네랄 성분은 발효식품을 만들 때 풍미를 돋우고, 좋은 미생물 생성을 돕기 때문에 음식을 쉽게 무르지 않게 하는 특징이 있어 장류를 담글 때나 각종 절임, 김장을 할 때 주로 쓴다.

정제염은 바닷물을 전기분해 후 염화나트륨만을 추출하기 때문에 99%의 염도로 천일염에 비해 짠맛이 특징이다. 가정에서 많이 쓰는 꽃소금은 천일염을 물에 녹여 불순물을 없앤 뒤 끓여 결정화한 제재염으로 결정체의 모양이 눈꽃과도 같다고 해서 붙여진 이름이다. 염화나트륨의 함량이 높고 입자가 고와 물에 잘 녹는 특징이 있어 각종 국이나 찌개부터 다양한 요리의 간을 맞추고, 채소 데치기, 조개 해감 등에 두루 쓰인다.

서양 요리에서 채소 데치기, 고기 핏물 빼기, 파스타 삶기와 스테이크 구울 때나 음식의 간을 맞출 때 등 넓게 사용되는 코셔솔트(Kosher Salt), 히말라야 핑크솔트로 알려진 암염소금은 원산지가 파키스탄이며 짠맛이 덜하고 미묘한 단맛이 매력이다.

정제염에 약 10% 정도의 MSG를 섞어 가공한 대표적인 조미료인 맛소금은 주로 식당에서 감칠맛을 위해 사용한다. 마무리용 소금으로 간을 더할 때 좋은 영국 천일염 말돈(Maldon)이나 프랑스의 게랑드(Guérande)는 소금빵이나 각종 채소 요리와 스테이크에 함께 내는 등 요리의 맛과 완성도를 높일 때 쓴다.
콩국수에 더하거나 맥반석 계란을 찍어 먹으면 기가 막히게 맛이 있는 구운 소금 죽염, 각종 허브솔트, 고급 레스토랑의 스테이크에 설명과 함께 내는 특별한 소금 등 맛있게 튀긴 채소나 고기튀김에도 소금은 화룡점정이 되어 준다.
제조 방식에 따라 어떤 소금이 몸에 더 좋은지에 관해 입장이 다양한데, 천연 방식이라고 알려진 천일염은 방사능과 미세플라스틱 등으로 민감한 이슈일 뿐만 아니라, 미네랄 함유량은 성인 기준 하루 치 나트륨을 비교하더라도 유의미한 수치는 아니라는 분석도 있다.
결국 소금은 기본적으로 천일염이든 정제염이든 과하면 건강에 해롭다는 의미. 각자 취향과 입맛, 용도에 맞게 골라 적정량을 섭취하자.

2 후추
PEPPER

동서양을 막론하고 가장 흔하고 대표적인 향신료인 후추는 많은 요리의 마무리에 빠지면 아쉬울 정도로 널리 쓰인다. 종류에 따라 향과 맛이 조금씩 다른데, 흑후추는 톡 쏘는 향과 알싸한 매운맛이 있어 고기의 잡내를 잡아주고, 스테이크 같은 고기 요리에 주로 쓰인다. 백후추는 아시아 요리에 많이 사용하는데, 껍질이 없어 부드럽고 맛이 강하지 않아 설렁탕이나 삼계탕처럼 맑은 국물 요리에 적합하다. 후추과의 열매 핑크페퍼콘(붉은색 후추)은 요리의 마무리에 색감을 더하기 위해 종종 쓴다.
나는 일반적인 볶음 요리에 주로 혼합 후추를 쓰고, 아시아 음식에는 백후추를 주로 쓰는 편이다. 핑크페퍼콘은 플레이팅을 뽐내고 싶을 때 빼놓지 않고 사용한다. 오븐이나 에어프라이어에서 재료를 익힐 때에는 고온에 약한 후추는 빼고 조리하는 것이 좋다고 하는데, 깜박 잊고 습관처럼 소금과 함께 조리 전에 뿌릴 때도 많다. 향이 맛으로 연결되는 만큼 아주 바쁠 때가 아니면 필요할 때 조금씩 갈아서 쓰는 것을 잊지 않는다.

bauhaus
die jubiläumsausstellung
6.9.2019 – 27.1.2020
in der berlinischen galerie

EST. 1882
Maldon
SEA SALT
FLAKES

LAKE
DEBORAH
PURE LAKE SALT · FINE

WILD HARVESTED IN
WESTERN AUSTRALIA
200g

Le Paludier de Guérande
Sel de Guérande
Sel Moulu
Poids Net :
250g
BAJA SALT
Origin Kosher
바하소금
바하 퍼시픽 코셔 천일염
400g
FOODPORT

3 올리브유

OLIVE OIL

요리 좀 한다는 사람 집에 가면 올리브유만 여러 가지 제품을 구비해두고 사용한다. 코로나 이후로 올리브유 수입 단가가 2배 이상으로 뛰었고, 그나마도 품귀 현상일 때가 많아 올리브유를 매일 쓰는 사람으로서 한숨이 절로 나온다.

쿠킹 클래스 시간에 올리브유를 추천해달라는 질문을 종종 받는데, 그때마다 나의 대답은 한결같다. 엑스트라 버진 올리브유는 신선한 올리브를 저온 압착해 추출한 오일이기 때문에, 초록빛을 띄고 향이 신선하며, 가열하지 않는 요리에 사용하면 좋다. 다만 만드는 방식 때문에 가격이 비싸고 발연점이 낮아 튀김처럼 높은 온도에서 가열하는 음식에는 적합하지 않다.

채소를 볶거나 파스타를 만들 때 적당한 중불 정도의 온도라면 엑스트라 버진 올리브유를 써도 무방하다. 올리브유의 가격 폭등 이후 가성비 대체품으로 자주 보이는 포마스 올리브유는 올리브를 여러 차례 압착한 후 나온 찌꺼기를 정제해 만들기 때문에 맛도 향도 없어서 볶음 용도 외 사용을 권장하지 않는다. 가끔 선물로 받은 비싼 유기농 올리브유는 빵을 찍어 먹는다거나 샐러드 드레싱 혹은 요리의 마무리로 아껴 쓰는 편이다.

아무리 맛있고 좋은 올리브유일지라도 모든 음식에 어울리는 것은 아니다. 때때로 원재료의 매력을 올리브유 향으로 덮는 경우도 있으니, 요리의 종류에 따라 적당량을 쓰도록 하자. 같은 이유로 샐러드 드레싱을 만들 때에도 항상 올리브유만을 고집하지는 않는다.

4 참기름, 들기름

SESAME OIL,
PERILLA OIL

집에서 쓰는 참기름과 들기름은 돈을 조금 더 투자해서 국산으로 구비해놓는다. 한 끗 차이처럼 느껴질지 몰라도 국산 재료로 까다로운 공정을 통해 만드는 참기름과 들기름의 맛은 대량 생산된 시제품과 분명히 다르다. 1년 안에 소모할 수 있는 분량을 구입하는 것이 좋고 냉장고가 아닌 서늘한 실내에 보관하되, 상대적으로 산패가 쉬운 들기름은 냉장 보관을 권한다.

5 코코넛 오일, 코코넛 밀크

COCONUT OIL,
COCONUT MILK

코코넛 오일은 오래전 오일풀링으로 먼저 접했는데, 건강에 좋다는 습관도 어지간히 부지런하지 않으면 오래가기 힘들어 중도에 포기하고 말았다. 반도 쓰지 못해 남은 코코넛 오일이 아까워 채소를 볶을 때 쓰기 시작했는데 채소를 맛있게 볶아 먹기에 이보다 유용한 것도 없다. 이 책에는 레바논식 매운 감자에 사용했으니, 레시피를 참고해 시도해보자. 주로 직사광선이 들지 않는 주방 서랍에 보관하고, 여름에만 냉장 보관했다가 사용하기 20분 전에 꺼내서 쓴다.
코코넛 크림이나 밀크는 커리나 수프에 자주 활용하는데, 생크림이 필요한 요리에 대체품으로 사용 가능하다. 가격도 저렴한 편이라 추천하고 싶다. 한번 쓰고 남은 분량은 캔에 랩을 씌워 보관하면 쉽게 산패되니 반드시 유리병이나 밀폐용기에 옮겨 담아 보관해야 한다. 나의 경우, 과일과 함께 갈아 스무디 혹은 주스를 만들어 먹거나 라테에 우유 대신 넣어 마시기도 한다.

6 산

VINEGAR

요리에서 신맛은 음식의 균형을 잡아주고 입맛을 돋우는 핵심 역할을 담당한다. 짭짤하거나 달콤한 맛의 다양한 요리에 빠뜨리지 않고 첨가하는 신맛은 풍미와 균형을 위해 필요한 요소이기도 하다. 신맛을 내는 식재료들은 식초부터 시트러스류, 토마토, 토마토 소스, 마요네즈, 요거트, 사워크림, 각종 핫소스, 머스터드, 피클류, 치즈, 술 등의 발효식품이 있으며, 이처럼 다양한 맛과 형태로 존재한다.
개인적인 취향으로 와인을 고를 때 친구들 사이에서 나를 포함한 신치광이(대충 신맛에 미쳤다는 뜻) 그룹이 따로 있을 만큼 와인뿐 아니라 요리에도 적절한 산미를 중요하게 생각한다. 신맛에 미쳤다고 해서 레몬을 직접 입에 넣었을 때만큼의 신맛을 추구하는 것은 아니기 때문에, 내가 좋아하는 신맛이 담긴 음식을 나열해보고자 한다.
피시 앤드 칩스에 뿌려 먹는 몰트 비니거(맥아 식초), 얇게 포를 뜬 해산물에 라임즙을 넣어 양념해서 먹는 세비체, 똠얌꿍, 그린 파파야로 만드는 쏨땀, 유린기에 곁들이는 새콤한 파채와 고추, 쨍한 신맛이 나게 양념하는 오이무침, 고슬고슬 뜨거운 밥 위에 올려 먹는 우메보시, 국물을 떠 먹다가 식초 몇 방울 떨어뜨리면 완전히 새로운 맛으로 바뀌는 굴탕이나 복국, 먹기 직전에 레몬즙을 뿌린 봉골레 파스타, 오이 미역 냉국과 도토리 묵밥, 각종 비네그레트 소스에 이용하는 다양한 비니거들, 볶은 채소와 어울리는 발사믹 식초 등, 이 외에도 셀 수 없이 많은 요리의 마무리에는 산이 있다. 시중에 나와 있는 다양한 식초로 향미와 맛을 끌어올려보자.

BR
EST.
ORG
RAW~U
APPL
VIN
Your daily
UNPA
32 FL

7 향신료
SPICES

평범한 음식 맛도 빛나게 살려주는 향신료의 세계는 무궁무진하다. 나라별로 주로 쓰는 향신료가 다르고, 음식과 궁합이 맞는 향신료를 적재적소에 사용할 수 있다면 풍미 있는 요리에 한 발자국 가깝게 다가갈 수 있다. 다양한 향신료 중에서도 한국적인 재료를 제외하고 서양 향신료를 추천한다면 대표적으로 세 가지다.

우리가 자주 구매하는 블록 형태나 가루 형태의 '카레'에는 전분이 들어가 있어 일본식, 한국식 카레라이스에 적합하다. 하지만 다양한 맛과 쓰임에는 제한적이라 카레라이스 외 요리에 쓸 때는 순수 향신료를 구입해 섞어 쓰기를 추천한다. 강황가루, 고수 씨 간 것에 후추, 쿠민, 육두구(너트메그), 정향 등이 블렌딩된 가람 마살라, 여기에 파프리카 가루까지 3종이면 커리를 만들 때뿐만 아니라 다양한 요리의 쓰임에 맞게 골라 쓸 수 있어서 좋다. 이 책에서 제법 다양한 향신료 요리를 소개했으니 한 번에 하나씩 시도해보자.

시나몬과 정향, 팔각 등 시중에서 쉽게 구할 수 있는 뱅쇼 키트 하나 정도는 마련해두자. 국물 요리를 만들 때 마른 팬에 바로 올려 태우듯 구워서 채소 육수에 더하면 쌀국수 국물처럼 이국적인 향미와 풍미를 내는 특별한 육수를 만들 수 있다.

8 드라이 허브
DRY HERBS

쿠킹 클래스에서는 주로 생허브를 준비하지만, 조리용 드라이 허브를 추천해달라고 한다면 한 가지 허브보다는 여러 가지 허브가 섞인 이탈리안 믹스 허브나 프로방스 허브를 꼽는다. 파슬리 파우더는 말려도 비교적 선명한 초록 색감이 살아 있어 요리의 마무리에 가니시용으로 많이 쓰이지만, 스튜나 수프, 볶음 요리 등의 조리를 할 때에는 적절하지 않다. 단 샐러드 드레싱이나 스테이크용으로는 생허브가 더 적합하다.

Pomì
TOMATO
FROM 100% FRESH ITALIAN TOMATOES
Pomì
TOMATO
FROM 100% FRESH ITALIAN TOMATOES
NET WT 17.64 oz (500g)
S&B
VILUX
extra-forte
extra-strong
COCONUT OIL
BANGOR
Gherkins
Filetti di
ALICI
in pezzi
IN OLIO DI SEMI
DI GIRASOLE
Luxecapers
CAPERS
Mustard
WHOLE GRAIN
Seed style

냉장고에 늘 비축해두는 재료

1 안초비
ANCHOVY

감칠맛을 내는 대표적인 서양 식재료로 안초비를 꼽을 수 있는데, 안초비 양념으로 알려진 요리로는 시저 샐러드부터 푸타네스카 파스타, 바냐 카우다 등이 있다. 맛이 강하기 때문에 호불호가 나뉘는 재료이기도 하지만, 한번 맛보면 중독성 있는 감칠맛이 나고 젓갈류를 많이 쓰는 한국인의 입맛에도 잘 맞는 편이다. 안초비는 한번 개봉하면 산패가 잘되기 때문에 뚜껑이 있는 작은 유리병이나 캔에 소량으로 담긴 것을 구입해 쓰기를 권한다. 갓 개봉한 신선한 안초비는 조리 없이 빵에 얹어 먹기도 한다.

2 올리브, 케이퍼, 코니숑 피클
OLIVE, CAPER,
CORNICHON PICKLE

저장 식재료로 비교적 유통기한이 긴 냉장 아이템 3종을 추천하고 싶다. 식감과 맛이 살아 있는 각종 올리브 열매는 단조로운 샐러드나 파스타에 힘을 실어주고, 케이퍼 혹은 케이퍼 베리는 특히 과일이 들어간 샐러드에 더하면 반전의 맛을 선사해주기도 한다. 코니숑 피클은 새끼손가락 크기의 프랑스 오이 품종으로 만든 피클로, 단맛 없이 아삭한 특징이 있어 샐러드나 각종 채소 요리, 육류, 파스타와 함께 먹기 그만이다.

**3 홀그레인 머스터드,
디종 머스터드**
WHOLEGRAIN MUSTARD,
DIJON MUSTARD

레몬, 비니거, 올리브유와 함께 샐러드 드레싱에 자주 쓰는 머스터드 소스. 씹을 때마다 알갱이가 톡톡 터지는 식감을 느끼고 싶다면 홈메이드 머스터드 소스도 추천하고 싶다. 냄비에 물을 붓고 머스터드 시드(겨자 씨)를 넣어 30분간 끓이고 채에 거른다. 피클링 스파이스에 소금, 식초, 꿀이나 시럽, 설탕 등으로 간을 해서 끓인 단촛물을 만들어 붓고, 유리병에 담아 냉장 보관한다. 혹은 식초와 단맛이 있는 화이트 와인을 각 100ml씩 섞어 씨를 넣고 유리병에 담아 2-3일간 실온에 두었다가, 충분히 불린 씨에 꿀과 향신료, 약간의 소금 양념을 입맛대로 더해 만드는 방법도 있다. 이렇게 만든 나만의 머스터드 소스는 샌드위치, 채소 구이나 샐러드, 스테이크 등에 곁들여 다양하게 활용할 수 있다.

4 버터
BUTTER

요리의 풍미를 높이는 요소 중 빠지지 않고 등장하는 것이 버터인데, 시중에 판매되는 버터의 종류가 워낙 다양하고 많아 골라 먹는 재미가 있다. 요리에 쓸 때에는 간을 별도로 할 수 있도록 무염버터를 쓰고, 빵과 함께 먹을 때는 가염버터를 녹이지 않고 고체의 형태로 사용한다.

버터를 쓸 때 내가 특히 주의하는 점은 조리를 시작할 때 쓰지 않는다는 것이다. 재료가 익기 전에 겉이 타버리는 경우가 많아 쓰더라도 약불에서 조리하는 경우에만 쓴다. 버터의 풍미를 지키기 위해 조리의 마지막에 더하면 맛과 향미를 그대로 유지할 수 있다. 일주일 내에 쓸 양은 냉장고에, 나머지는 소분 후 냉동고에 보관한다.

5 레몬
LEMON

쿠킹 클래스 시간에 레몬 대신 시판 레몬즙을 써도 되는지 질문을 자주 받는데, 나는 단호하게 반대한다. 레몬을 쓰는 이유가 레몬 본연의 맛과 향에 있기 때문이다. 편의점만 가도 살 수 있을 만큼 쉽게 구할 수 있는 레몬을 안 쓸 이유는 없다. 신선한 레몬의 맛과 숙성된 깊은 풍미를 더하는 홈메이드 레몬소금을 만들어 평범한 재료에 비범한 맛을 줄 수도 있다.

6 누룩 소금 (시오코지)
SHIO KOJI

언젠가 카페 메뉴를 컨설팅했을 때, 메인 메뉴로 닭 정육을 누룩 소금에 하루 숙성시킨 뒤 팬에 후추만 더해 굽고 버터를 바른 바게트 빵에 넣은 샌드위치를 만든 적이 있다. 별도로 채소나 치즈를 더하지 않고도 풍미 있는 한 끼 식사가 완성되었고, 맛본 이들 모두 만족스러워 했던 기억이 난다.

정제 소금과 쌀누룩으로 만든 누룩 소금을 사용해 육류를 숙성시키면 고기의 잡내를 잡는 것은 물론, 연육 작용으로 한층 부드러운 식감을 이끌어내고, 자연의 단맛을 느낄 수 있다. 일반 소금으로 간을 할 때보다 염도가 낮고, 육류뿐만 아니라 샐러드 드레싱 혹은 간을 하는 용도로 다양한 요리에 활용할 수 있다.

냉동고에 늘 비축해두는 재료

1 선드라이드 토마토
SUNDRIED TOMATO

선드라이드 토마토는 다져서 파스타 소스에 넣기도 하고, 맛이 심심한 샐러드나 샌드위치에 넣어 요리의 킥이 되어주기도 하며, 딥을 만들 때 갈아 넣거나 채소 올리브 절임에 넣어 맛을 더하기도 한다.

2 완두콩, 병아리콩
PEAS,
CHICKPEAS

햇완두콩이 나오는 봄에 잔뜩 사다가 삶아서 냉동해놓고 수프 끓일 때 마무리에 가니시로 넣거나 밥 지을 때 혹은 샐러드, 파스타 등에 넣는 등 두루두루 활용도가 높다. 제철이 아닐 때에는 냉동 완두콩을 사다가 소분해서 쓴다.

병아리콩도 한 번에 300-400g 정도를 삶아 소분해두었다가 샐러드 재료로 쓰고, 커리에 넣어 먹거나 후무스를 만들 때, 향신료와 올리브유, 소금을 섞어 에어프라이어에 구워 간식으로 먹기도 한다.

3 크루통
CROUTON

식사빵으로 사워도우나 바게트, 캄파뉴를 주로 먹는데 먹고 남은 부분은 한입 크기로 찢거나 잘라 에어프라이어에 바삭하게 구워 냉동해둔다. 실온에 잠시 꺼내놓으면 여전히 바삭한 맛이 유지되어 수프에도 넣어 먹고, 시저 샐러드나 판차넬라 샐러드에 넣으면 심심한 맛에 식감을 더하기에 더할 나위 없이 좋다.

4 후무스
HUMMUS

병아리콩을 주재료로 만드는 후무스는 쉽게 상하기 때문에 만들 때 넉넉하게 만들고 한 번에 먹을 분량씩 소분해서 냉동해둔다. 후무스는 채소 스틱을 다양하고 맛있게 먹을 수 있는 비상식량이 되어준다. 후무스의 기본 재료는 병아리콩이지만, 구운 제철 채소들을 섞고 변주를 주어 다양한 맛을 즐길 수 있다.

5 볶은 빵가루
BREAD CRUMBS

기름 없이 약불에 볶은 빵가루를 냉동고에 넣어두었다가 치즈가 부담스러운 날이나 음식에 식감을 더하고 싶을 때 다양한 요리에 마무리로 뿌려서 먹으면 좋다.

6 건과일
DRIED FRUITS

나의 냉동고 속에 항상 있는 건과일 세 종류는 살구와 망고와 포도다. 쨍하게 단맛이 치고 들어오는 건과일을 즐기지 않는 편이지만, 건살구, 건망고, 건포도는 쨍한 단맛과 함께 새콤한 신맛이 있어 잘게 썰어 샐러드에도 넣고, 닭가슴살 샌드위치 속재료로 활용하기에도 그만이다. 소스와 잘 버무리면 식감이 살아 있어 요리의 킥이 되어준다.

7 다진 허브
CHOPPED HERBS

자주 쓰는 바질, 딜, 이탈리안 파슬리, 고수 등의 허브를 살 때는 한 번에 50g 이상 구입하고, 냉장고에 보관 가능한 양을 제외하고는 모두 잘게 다져 실리콘 보관용기에 담아 냉동고에 넣어두고 필요할 때마다 꺼내 쓴다. 허브버터를 만들 경우에는 실온에 둔 버터에 다진 허브를 넣어 섞고 한 번에 쓸 만큼씩 종이포일에 덜고 용기에 넣어 냉동 보관한다.

8 유부
FRIED TOFU

간을 하지 않은 유부를 소분해서 지퍼백에 넣어 냉동 보관하면, 각종 전골이나 된장국, 라면, 볶음밥 등 필요할 때마다 꺼내 쓸 수 있는 요긴한 식재료가 된다.

9 견과류
NUTS

상온에서 오래 보관한 견과류를 볶아 먹는 사람이 종종 있는데 열을 가한다고 해서 맛이 좋아지지도 않을뿐더러 산패된 견과류의 독성은 생각보다 무섭다. 냉장고 공간이 부족해 냉동고에 보관하기도 하는데, 나의 경우엔 식당과 수업을 병행하고 있기 때문에 사용 빈도가 높아서 보관 기간이 짧다. 사용할 땐 기름 없이 프라이팬에 살짝 볶아 향을 살리는 편이다. 가정에서는 소독한 유리병에 담아 냉장 보관하는 것을 권한다.
견과류는 샐러드를 만들 때 빠뜨리지 않고 다져서 넣는다. 아몬드, 피스타치오, 캐슈넛은 항상 비축해두고, 요리의 종류에 따라 골라 쓴다. 겨울의 샐러드에는 피칸을 애용한다.

10 프릭끼누

PHRIK KHI NU

요리를 하다 보면 고추의 매운맛이 결정적 한 수가 될 때가 있는데, 그 순간을 위해 태국 고추 프릭끼누(쥐똥고추)를 주문해서 냉동고에 보관한다. 한여름에 자주 해 먹었던 냉제육을 찍어 먹는 단짠상큼 소스를 만들 때나 공심채 볶음에도 빠지면 안 되는 재료로, 청양고추와는 또 다른 매력이 있다. 국내 재배가 늘었기 때문에 신선한 프릭끼누를 비교적 쉽게 구할 수 있다.

11 똠얌 스톡

TOM YUM STOCK

똠얌꿍을 만드는 소스를 늘 구비해둘 수 없기 때문에 큐브형 똠얌 스톡을 항상 쟁여둔다. 새우와 버섯, 토마토, 레몬, 고수를 더하면 근사한 똠얌꿍이 완성된다.

12 간 생강

GRATED GINGER

파스타나 볶음 요리에 넣는 마늘은 절대적으로 타협 없이 신선한 마늘을 사용하기를 강조하는 나지만, 생강은 이야기가 좀 다르다. 신선한 생강의 맛이 좋은 것은 당연하지만 극소량을 쓰기 위해 생강을 구입하기란 나조차도 고민될 때가 있기 때문이다. 이럴 땐 생강을 다진 후 지퍼백에 얇게 펴 넣고 비닐 위로 젓가락을 이용해 바둑판 모양으로 눌러 냉동 보관해서 쓰면 편하다. 냉동 생강을 구입할 때에는 큐브형을 산다. 냉동 마늘 또한 소스나 국에 넣는 용도로는 작게 소분된 큐브형 간 마늘을 추천한다.

LADOLEA

Hemphill
the spice and herb bible
Second Edition
MANGINI
The VEGETABLE BUTCHER

FEARNLEY-WHITTINGSTALL
THE RIVER COTTAGE
MEAT

John Pawson
THE FLAVOR BIBLE
KAREN PAGE AND ANDREW DORNENBURG
LITTLE, BROWN
KOEHLER
SPAIN

Todd Selby
Edible Selby
THE FRENCH LAUNDRY

YOKOHAMA
VAS GALLERY
PUSHING THE
BOUNDARIES
2023 EXHIBITION
24 MARCH-3 APRIL 2023
YOKOHAMA
TAIWAN
AJ.

수프

S O U P

1

맑은 보리 수프

PURE BARLEY SOUP

한식을 먹을 때 맨밥에 반찬만 먹는 것을 힘들어 하는 찐 국물파인 저는 달걀국이나 두부와 애호박을 숭덩숭덩 썰어 넣은 된장국, 죽방멸치 육수에 김치 넣고 말갛게 끓인 김칫국처럼 후루룩 먹을 수 있는 국을 선호합니다. 이 맑은 보리 수프의 은은한 중독성과 톡톡 씹히는 곡물의 매력에 푹 빠져 한동안은 매일 먹을 때도 있었습니다. 게다가 특별한 육수 없이 냉털(냉장고 털어 먹기)만으로도 완전한 맛을 낼 수 있다는 것이 핵심입니다. 빠져서 안 될 재료가 있다면 토마토와 보리 또는 율무, 귀리, 현미 등 씹었을 때 식감이 확실한 곡물 한 가지이고, 나머지는 좋아하는 채소들을 다양하게 활용하면 됩니다. 근대, 봄동, 얼갈이배추처럼 흔하게 구할 수 있는 채소들이 내는 감칠맛은 생각보다 강력하며, 마무리에 두르는 올리브유와 레몬즙은 막상 없으면 2% 아쉬운 풍미의 주인공입니다! 보리나 각종 콩 종류는 미리 삶아서 냉동 보관했다가 수프를 끓일 때마다 덜어서 쓰면 편리하다는 점, 잊지 마세요!

2-3인분
20분

INGREDIENT

보리쌀	50g	냉동 혹은 냉장 보리밥일 경우 100g
방울토마토	100g	
양파	1/4개	중 사이즈
마늘	1쪽	
단호박	50g	
양송이버섯	50g	
근대	10장	배추 혹은 양배추로 대체 가능
냉동 완두콩	50g	
레몬	1/4조각	분량의 즙
바게트 빵	50g	크루통용
올리브유	10ml	
소금	1작은술	
후추	약간	

TO COOK

1 냄비에 물 약 800ml를 붓고 끓인다.

2 냉동 완두콩은 실온에서 자연해동한다.

3 단호박, 방울토마토, 양파는 비슷한 크기로 잘게 썰고, 양송이버섯은 2등분한 뒤 슬라이스한다. 근대는 한입 크기로 썰고, 마늘은 다진다.

4 바게트 빵은 깍둑썰기한 뒤 에어프라이어에 넣고 180도에서 15분간 바삭하게 굽는다.

한 번에 많은 양을 구워 냉동 보관해두었다가 그때그때 꺼내 쓰면 편리하다.

5 냄비에 물이 끓으면 보리쌀을 먼저 넣고 약 5분간 끓이다가 단단한 것부터 차례로, 단호박, 양파, 양송이버섯, 방울토마토, 근대를 넣는다. 소금과 후추로 간을 한 뒤 다진 마늘과 냉동 완두콩을 넣고 약 1분간 더 끓이다가 불을 끈다.

생완두콩일 경우엔 보리쌀을 넣을 때 함께 넣는다.
거품은 건지기로 걷어내면 깔끔하다.

6 레몬즙과 올리브유를 전체적으로 두르고 수프 그릇에 옮겨 담은 뒤 크루통을 올려서 낸다.

TIP

보리쌀이 국물을 흡수하기 때문에 한 번에 너무 많은 양을 끓이지 않는 것이 좋아요.

청경채 버섯 수프

BOK CHOY MUSHROOM SOUP

한때 아침에만 여는 수프 가게를 차릴 계획을 진지하게 고민했던 적이 있었어요. 비교적 적은 재료를 이용해 뚝딱 만들 수 있는 수프 레시피를 여러 개 알고 있다는 것은 바쁜 일상에 꽤 도움이 됩니다. 감기 증상이 있던 어느 날, 약을 먹기 위해 청경채 버섯 수프를 처음 만들었어요. 이 간단하면서도 따스한 온기를 주는 수프를 소개하게 되어 기쁩니다.
생강의 향미가 킥이기 때문에 마늘이나 다른 재료로 대체할 수 없으며, 생생강이 없을 경우 간 생강은 알갱이가 씹힐 수 있으니 그것이 싫다면 건생강을 활용하거나 생강가루를 추천합니다. 청경채와 만가닥버섯은 매일 치솟고 있는 높은 물가에 비해 그나마 주머니 사정에 큰 타격이 없는 대표 식재료라고 할 수 있지요. 버섯은 각자 좋아하는 것으로 선택하고, 청경채를 특별히 좋아하지 않는다면 애호박이나 알배추, 브로콜리 등으로 대체 가능합니다. 시판 제품인 양지육수나 치킨스톡을 사용하면 별도의 간을 하지 않아도 충분하고 조리 시간도 크게 단축됩니다. 마무리 단계에 넣는 전분물로 생강의 향미를 가두고, 여기에 따라오는 포만감은 덤입니다!

2-3인분
15분

INGREDIENT

청경채	4개	
생강	1토막	
만가닥버섯	200g	다른 버섯으로 대체 가능
치킨스톡	5g	채수로 대체 가능
물	600ml	
연두부	150g	
감자전분	1큰술	
참기름	1큰술	
소금	약간	

TO COOK

1 생강은 편을 썰고, 청경채는 밑동을 자른 뒤 씻어서 체에 밭쳐둔다.

2 만가닥버섯은 한 가닥씩 떼어내고, 연두부는 한입 크기로 채 썬다.

3 냄비에 물과 치킨스톡을 넣고 생강을 추가해 강불로 끓인다.

4 육수가 끓으면 청경채를 넣은 다음 버섯과 연두부를 넣는다.

5 약 3분간 끓이다 감자전분과 찬물 1큰술을 섞어 전분물을 만들어 육수에 넣고 잘 젓는다.

6 후추를 뿌리고 참기름을 두른 뒤 수프 그릇에 담아서 낸다.

부드러운 렌틸콩 수프

SILKY LENTIL SOUP

VILUX
VILUX
MOUTARDE de DIJON
extra-forte
extra-strong
DIJON MUSTARD
200 g
7,05 oz
FRANCE
2023-12-15
2025-12-14

렌틸콩 수프는 쿠킹 클래스와 잡지 인터뷰에서 여러 번 소개한 적이 있을 만큼 개인적으로 좋아하는 레시피입니다. 어렸을 때 이모가 종종 만들어주신 녹두죽이 고소하고 담백하여 어린이 입맛에도 제법 맞았었는지, 저에게 녹두죽은 추억의 음식이 되었습니다. 렌틸콩 수프를 처음 먹었을 때 이모의 녹두죽이 생각났는데, 실제로 녹두와 렌틸콩은 비슷한 맛과 향이 납니다. 렌팅콩 수프는 다양한 방법으로 만들 수 있습니다. 밀가루와 버터를 넣고 기름에 볶는 대신 끓는 물에 채소를 넣고 다 익을 때까지 뭉근하게 끓인 다음 그대로 믹서기에 갈아 레몬즙과 올리브유만 뿌려도 은은한 향과 포근한 맛을 냅니다. 가끔 속이 불편하거나 아플 때 이 방법으로 수프를 만들어 먹으면 참 든든하죠. 렌틸콩과 양파, 셀러리, 당근의 단순한 재료 조합에 허브를 더한 채수에는 각각의 재료에서 나오는 맛과 향에 집중하게 하는 힘이 있습니다.

3-4인분
20분

INGREDIENT

렌틸콩	200g	
물	1L	
양파	1개	중 사이즈 / 적양파로 대체 가능
마늘	2쪽	
당근	1/2개	
셀러리	2대	
허브	5g	타임, 오레가노 등 / 드라이 허브를 사용할 경우 1작은술
올리브유	30ml	
버터	30g	
밀가루	2큰술	
디종 머스터드	1/2큰술	생략 가능
레몬	1/2개	분량의 제스트와 즙
소금	약간	
후추	약간	

TO COOK

1 냄비에 렌틸콩을 넣고 2-3회 헹군 뒤 찬물을 부어 담가둔다.

2 웍이나 냄비를 예열하고 올리브유를 약간 두른 뒤, 큼직하게 자른 양파와 당근, 셀러리, 마늘, 다진 허브를 넣고 소금과 후추로 간을 하여 볶는다.

3 양파가 투명해지면 밀가루와 버터, 디종 머스터드를 넣고 골고루 섞는다.

4 불린 렌틸콩을 넣고 볶다가 재료가 충분히 잠길 만큼 물을 붓고, 강불로 시작해서 끓어오르면 약불로 줄인 뒤 10분간 더 끓인다.

5 불을 끄고 블렌더로 부드럽게 갈아준다.

6 레몬즙과 제스트를 더해 골고루 섞은 뒤 수프 그릇에 옮겨 담고, 올리브유, 다진 허브, 후추로 마무리한다.

가니시로 케이퍼와 향신료를 올려도 좋다.

1
1000
0.5
500
400

콜드 그린 수프

COLD GREEN SOUP

언젠가부터 채소 요리로 궁극의 맛을 추구하는 것을 마치 평생의 미션처럼 여기는 사람으로서, 영양가와 맛을 잡고도 만들기 쉬운 요리로 자신 있게 선보이고 싶은 것이 바로 이 콜드 그린 수프입니다. 콜드 그린 수프의 전신은 스페인의 가스파초로, 주재료인 토마토에 양파와 오이, 셀러리 등 좋아하는 채소를 넣고, 레몬즙과 올리브유, 소금, 후추를 더해 믹서기에 갈아 차게 해서 먹는 음식입니다. 이제는 한국의 여름도 동남아처럼 푹푹 찌는 습하고 무더운 날씨이기에 '시에스타'가 시급하다고 생각하지만, 그럴 수 없으니 음식으로라도 위로를 받고 싶습니다.
더운 날씨에 입맛은 점점 더 자극적인 것을 원하지만, 달고 맵고 짠 음식이 더위를 가시게 하지 않는다는 걸 반복 학습으로 깨달은 자들이여, 콜드 그린 수프를 시도해보십시오. 쨍한 시원함에 일단 흥분을 가라앉히고, 그 끝에 구운 피망의 풍미와 아보카도의 부드러운 포만감, 여기에 오이나 제철 과일 아오리 사과의 향긋함까지 입안에서 잔치를 벌입니다. 메인 재료는 토마토, 아보카도, 수박, 씨를 뺀 참외 등 다양한 변주가 가능합니다. 낮잠 대신 선택한 콜드 수프에는 소금을 아끼지 않습니다. 명심하세요!

4인분
20분

INGREDIENT

아보카도	3개	완숙으로 준비
오이	1개	씨를 빼고 준비 / 생략하거나 아오리 사과로 대체 가능
피망	1개	오이고추 2개로 대체 가능
양파	1/2개	중 사이즈
마늘	3쪽	
허브	10g	민트, 바질 등
레몬	1개	분량의 제스트와 즙
소금	1큰술	
후추	약간	
올리브유	60-70ml	
물	200ml	
토마토	약간	가니시용 / 잘게 썰어서 준비
양파	약간	가니시용 / 잘게 썰어서 준비

TO COOK

1 양파와 피망, 마늘 2쪽은 에어프라이어나 프라이팬에 구워 따로 둔다.

피망이나 오이고추는 에어프라이어로 180도에서 15분 굽거나, 기름을 두르지 않은 프라이팬에서 가볍게 살짝 태우듯 굽는다.

2 피망은 씨와 꼭지를 제거한다.

껍질은 벗기지 않아도 무방하다.

3 완숙 아보카도, 씨 뺀 오이와 마늘 1쪽을 구운 피망, 구운 양파, 구운 마늘을 비롯해 허브, 레몬 제스트와 즙, 물, 소금, 후추를 넣고 블렌더로 곱게 간다.

4 올리브유와 물로 농도를 맞추고, 소금, 후추로 간을 한다.

5 수프 그릇에 옮겨 담은 후 잘게 썬 양파와 잘게 썬 토마토를 가니시로 올리고, 여분의 올리브유와 후추를 뿌려 마무리한다.

6 냉장고에 1시간 이상 두었다가 먹거나 바로 먹을 땐 얼음을 함께 넣고 갈아도 좋다.

얼음을 넣을 경우, 소금과 물의 양을 조절한다.

TIP

오이를 선호하지 않는다면 아오리 사과로 대체하여 아삭한 식감은 살리고 향긋한 풍미를 더할 수 있어요.

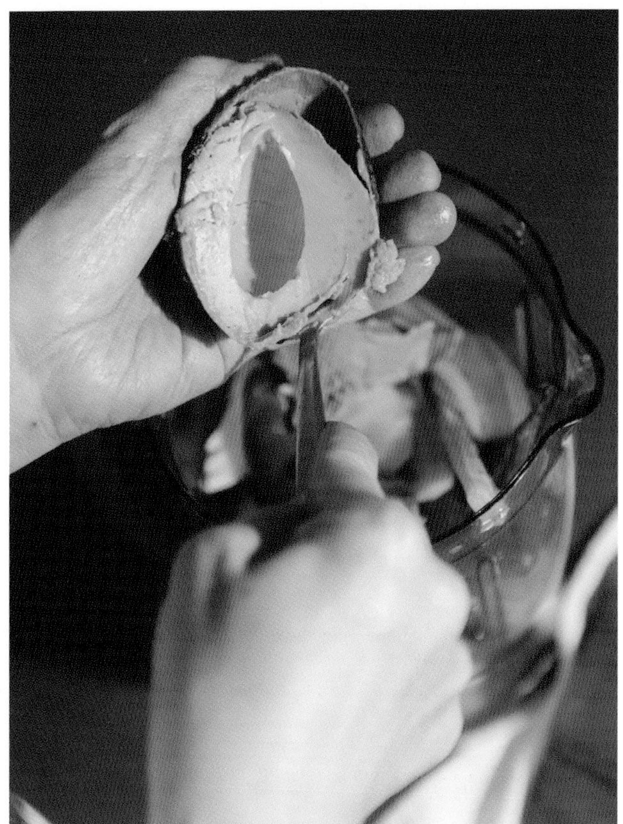

태국식 코코넛 채소 수프

THAI COCONUT VEGETABLE SOUP

Real
THAI
Original Thai Cuisine
Coconut Milk
Lait de coco

태국에 처음 갔을 때만 해도 똠얌꿍처럼 시고 단 음식을 식사로 하는 경험은 이전에는 없었기 때문에, 여러모로 신선한 충격을 받았던 기억이 납니다. 태국 요리는 기본적으로 단맛과 짠맛, 짧게 훅 들어오는 매운맛에 더해 신맛이 가장 큰 특징인데, 라임과 레몬으로 신맛을 내고, 짠맛은 피시소스를 비롯한 액젓류로, 매운맛은 쥐똥고추라고 부르는 프릭끼누로, 단맛은 코코넛 슈거나 팜 슈거로 냅니다. 여기에 레몬그라스와 고수, 카피르 라임 잎, 판단 등의 향신채를 더해 태국만의 오색찬란한 풍미가 만들어집니다.
각 나라의 기후가 음식 문화에 끼치는 영향은 다양하면서도 신비롭습니다. 태국식 코코넛 수프는 재료를 튀기거나 볶지 않는 간단한 조리법으로 여름과 무척 잘 어울리는 요리입니다. 양념을 머금은 부드러운 가지, 상큼한 토마토, 아삭달달함을 담당하는 초당옥수수가 동남아시아의 재료와 만났습니다. 향은 달콤하면서도 결코 무겁지 않고 부드러운 코코넛 밀크에 토마토와 라임의 상큼함과 적당한 단맛, 피시소스의 감칠맛까지. 매운맛이 필요할 땐 청양고추를 가니시로 올려 드세요. 비건의 경우, 피시소스 대신 연두나 국간장으로 간을 합니다.

2-3인분
15분

INGREDIENT

재료	분량	비고
가지	1개	
토마토	1개	
느타리버섯	300g	만가닥버섯으로 대체 가능
초당옥수수	1개	생략 가능
홍고추	약간	생략 가능
청양고추	약간	생략 가능
고수	20g	쪽파로 대체하거나 생략 가능
코코넛 밀크	800ml	
피시소스	2큰술	
설탕	1큰술	
레몬	1개	분량의 즙 / 라임으로 대체 가능

TO COOK

1 토마토와 가지는 깍둑썰기한다. 고수는 잘게 다진다.

2 버섯은 밑동을 정리하고 가볍게 씻어 한입 크기로 자른다.

3 초당옥수수는 4cm 길이로 나눠 자른다.

4 냄비에 코코넛 밀크를 붓고 중약불로 끓이다가 토마토, 가지, 버섯, 초당옥수수, 다진 고수 약간을 넣고 뚜껑을 덮어 10분간 끓인다.

5 뚜껑을 열고 피시소스와 설탕으로 간을 한 뒤, 불을 끄고 레몬즙 또는 라임즙을 넣는다.

라임즙을 넣고 오래 끓이면 쓴맛이 날 수 있으니 주의한다.

6 수프 그릇에 옮겨 담고 여분의 다진 고수를 올려 마무리한다.

홍고추나 청양고추를 얇게 썰어 가니시로 올려도 좋다.

TIP

아스파라거스, 애호박 등 좋아하는 채소를 넣어 끓여보세요.

STAUB

스페인식 마늘 빵 수프

SPANISH GARLIC AND BREAD SOUP

CASA
MARRAZZO
1934
Concentrato di Pomodoro
HUNGARY
I. osztályú fűszer-
Paprika
őrlemény
csípős
Scharf • Hot • Picante • Pálivá
Острый • Piquant • חריף

한국의 음식 문화에서 마늘의 존재감은 의심할 것 없이 크고 중요합니다. 서양 요리에서는 한국에서처럼 생마늘을 그대로 먹지는 않지만 마늘을 주재료로 하는 수프는 생각보다 다양한 국가에서 찾아볼 수 있습니다. 스페인의 마늘 빵 수프는 우리의 것과 다른 듯 꽤 익숙한 맛이 난다는 점에서 인상적입니다. 닭 육수에 마늘과 빵이 메인 재료로 들어가는 마늘 빵 수프의 첫 느낌은 우리의 순두부찌개와 비슷하고, 향신료로 맛을 내고 마지막을 달걀로 완성하는 부분은 중동 음식 샤크슈카와도 비슷합니다. 바삭한 크루통은 수프를 흡수해 한입 떠 먹을 때마다 구운 마늘과 토마토, 파프리카 가루의 풍미가 느껴집니다. 틈날 때 크루통을 만들어 냉동고에 보관하고, 볶은 마늘에 향신료와 허브를 더하면 언제든지 뚝딱 속이 든든한 수프를 손쉽게 완성할 수 있습니다. 맛의 밸런스를 위해 토마토 퓌레까지 더하면 산미도 조화롭습니다.

3-4인분
30분

INGREDIENT

마늘	8-10쪽	
빵	200g	바게트 혹은 캄파뉴처럼 단단한 종류의 식사빵으로 준비
토마토 퓌레	200g	
달걀	3-4개	
파프리카 가루	1큰술	
이탈리안 파슬리	5g	드라이 허브를 사용할 경우 1작은술
치킨스톡	10g	채수로 대체 가능
물	800ml	
올리브유	40ml	
소금	약간	
후추	약간	

TO COOK

1 마늘은 다지거나 얇게 슬라이스한다. 이탈리안 파슬리는 잘게 다진다.

2 빵은 한입 크기로 잘라 올리브유를 가볍게 바른 뒤, 에어프라이어나 프라이팬에서 바삭하게 구워 크루통을 만든다.

3 예열한 웍에 올리브유를 넉넉히 두른 뒤 마늘을 넣고 약불에서 노릇한 색이 나도록 익힌다.

4 파프리카 가루를 넣어 함께 볶다가 닭 육수, 토마토 퓌레, 크루통, 다진 파슬리를 차례로 넣고 소금과 후추로 간을 한 뒤, 뚜껑을 덮고 10분간 끓인다.

5 달걀을 깨뜨려 넣고 젓지 않은 상태로 뚜껑을 덮어 2분간 더 끓인 후 불을 끈다.

6 수프 그릇에 옮겨 담고 여분의 파슬리와 후추를 뿌려 마무리한다.

프랑스식 크리스마스 밤 수프

FRENCH CHRISTMAS MARRON SOUP

밤은 고구마나 단호박과 단맛의 정도는 비슷하지만, 맛과 향미가 뛰어나 보니밤, 밤잼, 몽블랑 케이크와 같은 고급 디저트부터 막걸리 혹은 맥주와 같은 주류에 이르기까지 다양하게 활용할 수 있습니다. 밤을 삶아서 생크림을 더해 그대로 갈아도 맛있지만, 음식으로 위로받고 싶은 겨울밤에는 프랑스식 밤 수프를 만들어 먹습니다. 버번 위스키와 시나몬 가루를 더해 풍미를 높인 프랑스식 밤 수프는 얼마나 더 특별한 맛일까요.

3-4인분
1시간

INGREDIENT

밤	500g	시판 깐 밤 사용 가능
양파	1개	중 사이즈
로즈메리	3g	드라이 허브를 사용할 경우 1/2작은술
생크림	200ml	
물	500ml	
버번 위스키	30ml	코냑으로 대체하거나 생략 가능
시나몬 가루	1/2작은술	육두구 가루로 대체 가능
버터	30g	
올리브유	적당량	
소금	1작은술	
후추	약간	
익힌 밤	20g	가니시용 / 다져서 준비

TO COOK

1 밤은 끓는 물에 넣고 20분간 삶은 후 채반에 올려 식히고, 양파와 로즈메리는 다진다.

2 웍에 올리브유를 두른 뒤 중약불에 양파를 볶는다.

3 양파가 투명해지면 밤을 넣고 볶다가 로즈메리, 시나몬 가루를 넣고 소금과 후추로 간한다.

4 버번 위스키를 붓고 알코올이 휘발될 때까지 볶는다.

5 웍의 가운데에 버터를 넣고 잘 섞어준 뒤 재료가 절반 정도 잠기도록 물을 붓고 뚜껑을 덮은 상태로 10분간 중약불로 끓인다.

6 생크림을 넣고 약불로 줄여 5분간 뭉근하게 끓인다.

수프의 농도는 각자의 취향에 맞춘다.

7 불을 끈 뒤 블렌더로 곱게 간다.

8 수프 그릇에 옮겨 담고, 익힌 밤을 다져 올린 후 올리브유와 후추를 더해 낸다.

TIP

완성된 수프에 마스카포네 치즈나 리코타 치즈를 올리면 보기에도 좋고 풍미도 더할 수 있어요.

차갑게 먹는 요리

C

O L

D

D S

I

H

생아스파라거스 샐러드

RAW ASPARAGUS SALAD

아스파라거스를 맛있게 먹는 방법 중 가장 기본은 끓는 물에 소금을 넉넉히 넣고 데쳐 찬물에 헹군 뒤 간단히 후추와 올리브유만 뿌리는 것입니다. 소금물에 데쳐 간이 잘된 아스파라거스를 즐기기 좋은 방법으로 수란이나 달걀 프라이를 곁들이기도 하지요. 아스파라거스는 보관 기간이 짧아 물러지기 쉬운데, 이런 땐 양파와 함께 살짝 볶아서 버터와 생크림을 더해 수프로 먹어도 맛있습니다.
생아스파라거스 샐러드는 약간의 소금, 후추, 레몬만으로 싱그러운 향을 그대로 살리고, 취향에 따라 담백한 치즈의 풍미를 더할 수도 있습니다. 아스파라거스를 생으로 먹을 때는 아삭한 식감을 위해 아랫부분의 질긴 껍질을 감자칼로 잘 벗기는 것, 잊지 마세요.

1접시 분량
15분

INGREDIENT

아스파라거스	6-8개	
와일드 루콜라	30g	
래디시	2개	아오리 사과로 대체하거나 생략 가능
파르미지아노 레지아노 치즈	30g	경성 치즈류로 대체 가능
견과류	30g	피스타치오, 캐슈넛, 잣 등
소금	1자밤	
드레싱	적당량	레몬 1개 분량의 제스트와 즙(화이트 와인 비니거 2큰술로 대체 가능), 소금 1/2작은술, 간 마늘 1쪽 분량, 엑스트라 버진 올리브유 30ml, 후추 약간

1 아스파라거스는 씻은 뒤 밑동을 3cm가량 자른다. 아랫부분의 질긴 껍질은 감자칼로 벗긴 후 길고 얇게 어슷썰기한다.

부드러운 식감의 미니 아스파라거스의 경우 그대로 어슷썰기한다.

2 와일드 루콜라는 씻어 체에 밭쳐두고, 래디시는 깨끗이 씻은 뒤 뿌리와 수염을 자르고 얇게 슬라이스한다.

사과를 사용할 경우, 껍질째 얇게 채 썰거나 슬라이스한다.

3 견과류는 프라이팬에 올려 기름 없이 짧게 구운 후 잘게 부순다.

4 파르미지아노 레지아노 치즈는 그레이터에 갈지 않고 투박하게 자른다.

덩어리가 있어야 식감을 느낄 수 있어 더욱 맛있다.

5 작은 볼에 드레싱 재료를 넣은 뒤 골고루 섞는다.

6 샐러드볼에 아스파라거스와 와일드 루콜라를 담고, 소금 1자밤으로 가볍게 밑간을 한다.

7 래디시 혹은 아오리 사과와 잘게 부순 견과류를 더하고 샐러드 드레싱을 부어 골고루 섞는다.

8 접시에 푸짐하게 올려서 낸다.

안초비 배 샐러드

ANCHOVY PEAR SALAD

추석이나 설날이 다가오면 차례를 지내는 집에서는 배와 사과가 가장 흔한 과일로 등장하죠. 때때로 덜 영근 싱거운 맛이라면 처치 곤란한 과일이 되기도 합니다. 저는 제철 과일을 샐러드로 적극 활용하는 편인데, 특히 사과와 배는 주재료로 활용하기에 매우 적합한 과일이라 할 수 있습니다. 여기에 안초비와 민트, 레몬, 올리브유의 조합은 평범한 과일 샐러드를 특색 있게 바꿔주고 풍미를 더하는 핵심 재료입니다. 그리고 음료에는 장식으로 쓰는 민트가 이 샐러드에서는 가장 핵심 요소로 작용한다는 사실! 민트는 번식이 빠르고 수경재배도 수월한 편이니, 이번 기회에 집에서 키워 보는 건 어때요?

1접시 분량
10분

INGREDIENT

배	1개	
민트	5g	스피어민트, 초코민트, 페퍼민트 등
적양파	1/4개	중 사이즈
마늘	1쪽	
안초비 필레	2조각	참치액 혹은 피시소스 1큰술로 대체 가능
레몬	1개	분량의 즙과 제스트
올리브유	3큰술	
후추	약간	

TO COOK

1 적양파는 얇게 슬라이스하고, 배는 껍질을 벗겨 한입 크기의 웨지 형태로 자른다.

2 민트 잎은 가볍게 씻은 뒤 잎만 떼어낸다.

3 안초비 필레는 다지고 마늘은 그레이터로 간 뒤, 레몬 제스트와 레몬즙, 올리브유, 후추를 넣어 섞는다.

4 샐러드볼에 적양파, 민트, 드레싱 재료를 넣어 가볍게 섞고, 배를 넣어 골고루 버무린다.

5 접시에 옮겨 담은 뒤 여분의 민트 잎과 올리브유를 뿌려 마무리한다.

TIP

취향에 따라 올리브나 케이퍼를 다져서 올리면 더욱 풍미가 좋아요.

초당옥수수 살사와 토르티야 칩

SWEET CORN SALSA WITH TORTILLA CHIPS

인간이란 얼마나 모순적인지요. 분명 달기만 한 과일은 싫다고 했는데, 올해 혼자서 초당옥수수를 몇 박스나 해치운 사람이 할 얘기는 아닌 것 같습니다. 아, 물론 저는 옥수수 중에서는 강원도 찰옥수수를 가장 좋아하는데요. 찰옥수수는 앉은자리에서 3-4개를 먹고, 초당옥수수는 2개만 먹는다고 궁색한 변명을 해봅니다.
이름만큼이나 일반 옥수수와는 차별화된 당도를 자랑하는 품종인 초당옥수수. 당도는 과일로 치면 수박과도 비슷한 수준인데, 칼로리는 굳이 알고 싶지 않습니다. 초당옥수수는 껍질이 있는 상태로 종이에 하나씩 싸서 냉장 보관하고 일주일 안에 먹는 것이 가장 좋습니다. 냉동 보관할 경우엔 삶아서 식힌 후 물기를 반드시 제거하고 랩에 싸거나 용기에 넣고, 먹기 전에 약 15분간 자연해동하면 됩니다.
만약 이 책에서 반드시 만들어봐야 할 음식 세 가지를 꼽아야 한다면, 저는 망설임 없이 초당옥수수 살사를 말하겠습니다. 익히지 않은 초당옥수수의 톡톡 터지는 식감과 향미, 생망고의 흐물거리는 식감 대신 건망고의 쫀쫀함과 쨍하게 새콤달콤한 맛은 기름 없이 바삭하게 구운 옥수수 토르티야의 고소한 풍미와 완벽하게 어울립니다.

2-3인분
30분

INGREDIENT

초당옥수수	2개	
고수	30g	이탈리안 파슬리, 딜, 민트로 대체 가능
적양파	1/2개	중 사이즈 / 일반 양파로 대체 가능
건망고	30-40g	건살구 혹은 천도복숭아 1개로 대체 가능
파프리카	1/3개	
옥수수 토르티야	5-6장	
살사 드레싱	적당량	마늘 2쪽, 레몬 1개 분량의 제스트와 즙, 화이트 와인 비니거 2큰술, 소금 1/2작은술, 후추 약간

TO COOK

1 초당옥수수는 껍질을 벗기고 수염을 떼어낸 후 옥수수 알갱이만 칼로 분리한다.

쉽게 분리되므로 별도로 다지거나 일일이 떼어낼 필요가 없다.

2 건망고는 가위를 이용해 가로세로 0.5cm 크기로 잘게 자른다.

3 고수, 씨를 제거한 파프리카, 양파도 건망고 크기에 맞춰 작은 큐브 형태로 썬다.

4 옥수수를 담은 샐러드볼에 다진 고수, 파프리카, 양파를 담고, 마늘을 그레이터로 갈아 넣는다.

5 분량의 살사 드레싱 재료를 넣고 골고루 섞는다.

랩을 씌워 냉장고에 넣어두었다 먹으면 더욱 맛있다.

6 옥수수 토르티야는 가위로 6등분하고 에어프라이어에 넣어 180도에서 10분간 굽고, 위아래 뒤집어 2-3분 더 바삭하게 굽는다.

7 접시에 초당옥수수 살사와 구운 옥수수 토르티야를 담는다.

8 옥수수 토르티야에 살사를 듬뿍 올려 먹는다.

구운 채소 마리네이드

ROASTED VEGETABLE MARINADE

이 책을 작업하면서 왜 굳이 아는 맛을 포함시키고 싶었을까 생각해봅니다. 시간에 쫓기는 바쁜 현대인들에게 집밥이란 굳이 설명하지 않아도 피곤해지는 느낌이 들지요. 한번 만들어두면 샌드위치로, 파스타로, 샐러드로 입맛에 맞게 다양한 상차림이 가능한 구운 채소 마리네이드를 꼭 만들어 먹어보았으면 좋겠어요. 구으면 더욱 풍미가 높아지는 레몬과 은은하게 감도는 허브향에 발사믹 비니거까지. 재료에 적지 않은 애호박이나 양파 등 다양한 재료를 마음껏 추가할 수 있고, 포장이 용이하다는 점도 큰 장점이라 식단 도시락 메뉴로도 손색이 없습니다.

3-4인분
30분

INGREDIENT

파프리카	1개	미니 파프리카 4개로 대체 가능
가지	2개	
새송이버섯	2개	
마늘	3-4쪽	
발사믹 비니거	50ml	
레몬	1개	
타임	5g	로즈메리로 대체 가능
올리브유	2큰술	
올리브유	200-250ml	병입용
소금	약간	
후추	약간	

1 파프리카, 가지, 새송이버섯은 가볍게 씻은 뒤 물기를 제거한다.

2 파프리카와 마늘은 통으로 준비한다. 새송이버섯과 가지는 세로로 8등분하고, 레몬은 슬라이스한다.

3 볼에 채소를 넣고 올리브유 2큰술과 약간의 소금으로 밑간한 뒤 에어프라이어에 넣고 180도에서 20분간 익힌다.

오일을 에어프라이어에 바로 부으면 오일이 재료에 제대로 묻지 않기 때문에 실리콘 붓으로 발라주거나 비닐장갑을 이용해 골고루 섞어준다.

오븐에서 조리할 경우, 180도에서 예열한 후 40분간 익힌다.
프라이팬에서 조리할 경우, 버섯과 가지, 레몬을 자른 뒤 오일을 둘러서 굽고, 파프리카는 따로 기름 없이 껍질을 태우듯 골고루 돌려가며 익힌다.

4 파프리카는 껍질과 씨를 제거한 뒤 한입 크기로 자르고, 새송이버섯은 식힌 뒤 세로로 자른다.

에어프라이어에서 꺼낸 파프리카는 비닐봉지에 넣어 밀봉한 후 5분간 두었다 껍질을 벗기면 수월하게 벗길 수 있다.

5 발사믹 비니거, 소금, 후추, 병입용 올리브유를 잘 섞는다.

6 유리병이나 밀폐용기에 구운 채소와 레몬, 타임을 담은 뒤 5를 재료가 채워질 만큼 넉넉히 부어 완성한다.

7-10일 정도 냉장 보관이 가능하다.

HOW TO EAT

- 샌드위치용 빵을 살짝 구운 뒤 마늘을 으깨 펴 바르고, 그 위에 구운 채소 마리네이드를 얹어 먹는다.
- 끓는 물에 소금을 넣고 삶은 숏 파스타에 구운 채소 마리네이드를 듬뿍 넣어 골고루 섞은 뒤 콜드 파스타로 먹는다.

  부라타 치즈, 페타 치즈, 파르미지아노 레지아노 치즈를 함께 곁들이면 풍미가 더욱 올라간다.

- 오이, 로메인 상추와 함께 샐러드로 먹는다.

비트 후무스와 올리브 절임

BEET HUMMUS WITH MARINATED OLIVE

후무스는 다양한 중동 국가에서 한국의 김치만큼이나 식탁에 자주 올리는 메뉴로, 병아리콩을 삶아 레몬과 타히니 소스(참깨 페이스트), 그리고 허브를 갈아 만든 일종의 스프레드입니다. 후무스를 디핑 소스처럼 다양한 채소나 빵을 곁들여 먹는데, 단백질이 풍부하고 포만감이 좋아 다이어트 식단으로도 잘 알려져 있습니다. 저는 '제리코 레시피' 식당에서 코스 전반부에 후무스를 내는데, 손님들의 반응이 즉각적으로 좋은 대표적인 메뉴이기도 해요.
메인 재료는 병아리콩이지만 냉장고 자투리 채소를 활용하면 다양한 맛을 낼 수 있어 좋습니다. 보통 후무스에는 다양한 향신료를 넣는데, 구운 대파와 고수의 풍미만으로도 충분해 이 레시피에서는 향신료를 넣지 않았습니다. 맛있는 올리브유를 아낌없이 두르고, 오이나 당근 같은 식감 좋은 채소 혹은 크래커와 빵을 곁들여 드세요.

후무스

3-4인분
50분

INGREDIENT

병아리콩	300g	
비트	200g	
당근	100g	
대파	100g	흰 부분
마늘	2-3쪽	
레몬	1개	
이탈리안 파슬리	15g	고수로 대체 가능
올리브유	200ml	
병아리콩 삶은 물	100-200ml	
소금	약간	
후추	약간	

TO COOK

1 병아리콩은 찬물에 6시간 정도 불려둔다.

뜨거운 물에 불리면 겉만 익으니 주의한다.

2 냄비에 불린 콩의 2배 정도 되는 물을 붓고 불린 콩과 함께 소금 1큰술을 넣은 후 30분간 삶는다.

시간이 없을 경우엔 불리지 않은 콩에 물을 여유 있게 붓고 잘 익을 때까지 오래 삶는다.

3 비트와 당근은 껍질을 벗기고 깍둑썰기한다. 대파의 흰 부분도 큼직하게 썰어둔다.

4 레몬은 깨끗이 씻어 껍질을 그레이터로 갈아 제스트를 만들고, 절반으로 자른다.

5 비트, 당근, 대파, 마늘, 레몬에 올리브유 30ml를 넣어 잘 섞은 뒤 에어프라이어에 넣고 180도에서 20분간 익힌다.

오븐에서 조리할 경우, 180도로 예열한 뒤 40분간 익힌다.

프라이팬에서 익힐 경우, 올리브유를 적당량 두르고 소금과 후추로 간한 뒤 중불에 굽는다.

6 믹서에 비트, 당근, 대파와 병아리콩을 넣고, 구운 레몬의 즙, 제스트, 올리브유, 병아리콩 삶은 물, 이탈리안 파슬리를 넣고 부드럽게 갈아준다.

올리브유와 병아리콩 삶은 물은 한꺼번에 넣지 말고 농도를 조절하면서 조금씩 넣는다.

1.5
1500
1
1000

올리브 절임

400g
20분

INGREDIENT

올리브	400g	여러 종류가 혼합된 믹스 제품 사용
레몬	1개	
마늘	2쪽	
로즈메리	5g	타임으로 대체 가능 / 드라이 허브를 사용할 경우 1작은술
올리브유	적당량	재료가 잠길 정도

TO COOK

1 통조림이나 병에 든 올리브는 체에 내려 물기를 제거한다.

2 레몬은 껍질이 있는 상태로 세로로 4등분한 뒤 얇게 슬라이스한다. 씨는 제거한다.

3 마늘은 최대한 얇게 슬라이스하고, 로즈메리는 잘게 다진다.

4 분량의 재료를 유리병이나 밀폐용기에 넣고 올리브유를 채워 냉장 보관한다.

생마늘은 상하기 쉬우니 10일 안에 소진하는 것이 좋다.

5 접시에 후무스와 올리브 절임을 적당히 담고, 채소 스틱이나 크래커와 함께 낸다.

TIP

2-3회 먹을 만큼 만들어두고 샐러드나 파스타의 마무리 단계 등 올리브 절임이 필요한 음식에 두루두루 씁니다.

구운 대파 비네그레트
ROASTED LEEK VINAIGRETTE

VILUX
VILUX
MOUTARDE de DIJON
extra-forte
extra-strong
DIJON MUSTARD
200 g
7,05 oz
FRANCE

총선을 앞두고 한차례 대파 논란도 있었지만 매일 들쑥날쑥 불안정한 식자재 가격 때문에 장을 보는 것이 즐겁지만은 않습니다. 그래서 대파 한 단을 미리 사두면 몇 번인가 요리해 먹고 남은 대파가 냉장고 채소 칸 구석에서 미라 상태로 비쩍 말라 발견되는, 왜 다들 그런 경험 있잖아요.
잘게 다져 구운 대파를 컵라면에도 넣어 먹을 만큼 대파 러버인 저는 첫 번째 요리책 『파스타 마스터 클래스』에서는 대파를 활용한 고등어 파스타를, 두 번째 요리책 『채소 마스터 클래스』에서는 대파 수프를 선보였죠. 대파 가격만큼은 물가 상승률이 반영되지 않고 언제나 안정적이길 기원하며, 이번 『풍미 마스터 클래스』에도 빠뜨리지 않고 대파 요리를 소개합니다.
대파의 초록 부분은 구웠을 때 쉽게 타고 질겨집니다. 남은 부분은 모두 다진 후 식용유와 함께 볶아 대파 오일을 만들어 보관하도록 합시다. 유리 소스병에 담아 냉장고에 넣어두고, 매일매일의 식탁에 넉넉히 활용해보세요.

3-4인분
30분

INGREDIENT

대파	1단	
레몬	1개	
디종 머스터드	1큰술	홀그레인 머스터드로 대체 가능
마늘	1쪽	
딜	10g	
올리브유	50ml	
바게트 빵	적당량	슬라이스하여 준비
소금	약간	
후추	약간	

TO COOK

1 대파는 깨끗이 씻어 뿌리를 제거하고, 흰 부분 위로 10cm까지 절단한 후 4-5cm 길이로 자른다.

2 레몬은 깨끗이 세척 후 그레이터로 제스트를 만들고, 즙을 짠다.

3 마늘은 다지거나 그레이터로 간다.

4 대파는 올리브유와 소금 1작은술을 섞어 골고루 바른 뒤 에어프라이어에 넣고 180도에서 20분간 굽는다.

프라이팬에서 익힐 경우, 올리브유를 넉넉히 두르고 소금과 후추로 간한 뒤, 진한 갈색이 날 때까지 부드럽게 중약불로 굽는다.

5 딜은 잘게 다진다.

6 레몬 제스트, 레몬즙, 디종 머스터드, 다진 딜, 여분의 소금, 후추를 넣고 골고루 섞어 소스를 만든다.

7 에어프라이어에서 꺼낸 대파를 한 김 식힌 뒤 소스와 함께 버무려 샐러드로 바로 먹거나, 밀폐용기에 대파를 담고 소스를 부은 뒤 뚜껑을 덮어 냉장고에 1-2시간 두었다가 먹는다.

TIP

* 올리브유나 버터로 바삭하게 구운 바게트 빵을 접시에 담고, 그 위에 차게 식힌 대파 비네그레트를 올린 후 빵을 살짝 적실 만큼 소스를 부어 먹으면 정말 맛있어요.

* 저는 가니시로 붉은색 후추(핑크페퍼콘)를 사용했지만, 생략해도 괜찮아요.

양배추 생강초절임

PICKLED GINGER CABBAGE

양배추는 쌈이나 수프 등 활용도가 높아 자주 장바구니에 넣는 식재료지만, 반 통을 사도 항상 남기 마련입니다. 식이섬유가 많고 비타민 함유량이 높지만, 가열하면 이 좋은 성분들이 손실되기 쉽기 때문에 생으로 먹거나 살짝 데쳐 먹거나 짧은 시간 볶아 먹는 것이 좋습니다.
양배추 초절임은 피클보다 신맛이 적고 간이 세지 않아 한번 만들어 냉장고에 넣어두면 일주일까지 보관 가능합니다. 잘게 채 썬 생강을 단촛물과 함께 끓이기 때문에 아린 맛이 사라지고 기분 좋은 향긋함이 양배추의 들큰한 냄새를 잡아줍니다. 건미역은 수분을 흡수해 마지막 한입까지 아삭하게 먹을 수 있습니다. 소금과 단촛물의 간은 각자의 입맛에 맞게 조절해서 만들어보세요!

500g 저장분
20분

INGREDIENT

양배추	1/4통	
생강	1토막	
건미역	2-3g	
통깨	1큰술	
소금	1작은술	
단촛물	적당량	식초 4큰술, 설탕 2큰술, 물 40ml, 소금 1작은술

TO COOK

1 양배추는 얇게 채 썰고 건미역과 함께 소금 1작은술을 넣어 골고루 섞은 뒤 10분간 재워둔다.

2 생강은 얇게 채쳐서 단촛물 재료와 함께 냄비에 넣고 살짝 끓인 뒤 식혀둔다.

3 양배추와 미역은 면포에 감싸 물기를 짜고, 샐러드볼에 담는다.

4 생강을 넣은 단촛물 절반을 넣고 골고루 섞은 뒤, 간을 보고 필요에 따라 나머지를 넣는다.

5 통깨와 함께 버무려 밀폐용기에 담아 냉장 보관한다.

7-8일간 보관 가능하다.

로메인 시저 샐러드

ROMAINE CAESAR SALAD

TENERE IN LUOGO FRESCO

안초비를 사랑하는 사람으로서 거두절미하고 안초비의 다양한 활용법을 알려드립니다. 먼저 안초비는 소량으로 구입합니다. 한번 개봉하면 색이 바래고 쉽게 산패하기 때문에 신선한 상태로 보관하기 어렵습니다. 새 제품을 처음 열었을 때 삶은 달걀이나 바게트 빵 위에 한 점 올려 안초비 본연의 고소함을 맛봅니다. 또 안초비는 토마토와 궁합이 좋습니다. 종종 토마토 파스타에 소금 대신 안초비로 간을 하는 이유입니다. 프라이팬에 가지를 노릇하게 구워 모차렐라 치즈를 듬뿍 올리고 그 위에 안초비를 추가한 뒤 뚜껑을 덮어 1분간 두면, 치즈의 풍미와 어울리는 안초비 가지 타파스가 완성됩니다. 아삭함이 유난히 좋은 로메인 상추와 시저 드레싱은 단짝 친구입니다. 단 신선한 안초비로 소스를 만들어야 비리지 않으니 주의하세요.
개인적인 취향이지만 로메인 상추를 잘라 쓰지 않고 한 장씩 통으로 소스를 묻혀 접시에 쌓아 올리는 방법을 선호합니다. 잘라서 소스에 버무리다 보면 상추 잎이 쉽게 숨 죽고 소스가 과하게 묻는 경우가 많거든요. 한 손으로 덥석 들어 아삭한 로메인 상추를 그대로 즐기는 방법, 한번 시도해보세요!

2접시 분량
20분

INGREDIENT

로메인 상추	1-2포기	
안초비 필레	3조각	
케이퍼	10g	
마늘	1쪽	
파르미지아노 레지아노 치즈	40g	그라나 파다노 치즈로 대체 가능
바게트 빵	40g	크루통용
달걀 노른자	1개	마요네즈 1작은술로 대체 가능
올리브유	1큰술	
레몬	1개	분량의 제스트
후추	약간	
올리브	약간	가니시용

TO COOK

1 로메인 상추는 밑동을 잘라낸 뒤 씻어 물기를 완전히 제거한다.

물기가 있으면 소스가 겉돈다.

2 안초비 필레, 마늘, 케이퍼를 한 번에 잘게 다진다.

절구가 있으면 넣고 으깨면 된다.

3 그릇에 2를 담고 달걀 노른자와 그레이터에 간 파르메지아노 레지아노 치즈 20g, 레몬 1/2개 분량의 제스트를 넣고, 올리브유와 후추를 더해 소스를 만든다.

4 바게트 빵은 한입 크기로 잘라 올리브유를 살짝 두른 프라이팬에서 바삭하게 구워 크루통을 만든다.

에어프라이어를 사용할 경우, 180도에서 10분간 굽는다.

5 로메인 상추는 잎이 작은 것 위주로 한 장씩 떼어 소스를 발라 접시에 올린다.

잎이 작을수록 아삭함이 강하다.

먹기 좋은 크기로 잘라 소스와 함께 샐러드볼에 넣고 골고루 섞어도 좋다.

6 크루통과 올리브, 나머지 레몬 제스트와 여분의 치즈 20g을 갈아 올려 마무리한다.

TIP

* 취향에 따라 바삭하게 구운 베이컨을 더해도 좋아요.
* 비건일 경우, 캐슈넛, 마늘, 케이퍼만 사용하고 소금, 후추, 올리브유를 넣고 부드럽게 갈아 소스의 풍미를 더할 수 있어요.

시칠리아식 카포나타

SICILIAN CAPONATA

CASA
MARRAZZO
1934
entrato di Pomodoro

탁구를 함께 치는 또래 친구들과 50대 기념 이탈리아 여행을 목표로 돈을 모으기 시작한 지 벌써 2년이 되어갑니다. 머지 않은 미래에 이탈리아 남쪽 끝 지중해 최대의 섬 시칠리아에서 느긋하게 휴식을 취하는 상상을 하면 벌써부터 행복해져요. 시칠리아 여행을 다녀온 한 친구는 그곳의 매력으로 풍부한 음식을 꼽기도 했으니, 제 버킷리스트에 멕시코, 튀르키예와 함께 '신의 부엌'이라 불리는 시칠리아를 어찌 빼놓을 수 있을까요.
카포나타는 다양한 문화권의 지역색을 흡수한 시칠리아 전통 음식으로, 따뜻하게 또는 차게 해서 단독으로 먹어도 좋고, 빵과 파스타에 곁들여 먹을 수도 있어 꼭 다뤄보고 싶었던 메뉴이기도 합니다. 튀긴 가지에 다양한 채소들을 섞고, 견과류와 건과일에 짭짤한 올리브와 케이퍼까지 더했으니 한입에 담기는 맛도 다양하겠지요. 각종 버섯, 애호박, 주키니 등 구웠을 때 풍미가 더 살아나는 채소들을 적극 활용해보세요!

3-4인분
40분

INGREDIENT

가지	1개	
셀러리	1-2대	
파프리카	1개	피망으로 대체 가능
적양파	1개	중 사이즈 / 일반 양파로 대체 가능
타임	5g	
마늘	3쪽	
올리브	90-100g	
케이퍼	30g	
건포도	30g	
잣	40g	취향에 따라 다른 견과류로 대체 가능
토마토 퓌레	100g	둘 중 하나만 써도 무방 방울토마토 혹은 대추토마토 100g으로 대체 가능
토마토 페이스트	20g	
올리브유	50ml	
발사믹 비니거	2큰술	
소금	1작은술	
후추	약간	

TO COOK

1. 가지는 올리브와 비슷한 크기로 깍둑썰기하고, 파프리카와 양파, 셀러리도 비슷한 크기로 깍둑썰기한다.
2. 마늘은 슬라이스하거나 잘게 다진다. 타임은 잎을 떼어둔다.
3. 토마토 퓌레와 페이스트는 그릇에 담고 발사믹 비니거와 함께 골고루 섞어둔다.
4. 프라이팬에 올리브유를 넉넉히 두르고 가지를 바삭하게 구워 따로 빼둔다.
5. 다시 프라이팬에 올리브유를 두르고 양파, 셀러리, 파프리카, 마늘, 타임을 넣고 소금과 후추로 간한 뒤 중강불로 5-6분간 볶는다.
6. 약불로 줄이고 잣, 올리브, 케이퍼, 건포도를 넣고, 미리 구워둔 가지를 올린 뒤 3의 토마토 소스와 골고루 섞는다.
7. 한 김 식힌 뒤 밀폐용기에 옮겨 담고 냉장 보관한다.

   3일간 보관이 가능하다.

HOW TO EAT

- 바삭하게 구운 빵 위에 그대로 올려 먹는다.
- 생모차렐라 치즈나 페타 치즈, 리코타 치즈 등과 곁들여 샐러드로 먹는다.
- 끓는 물에 숏 파스타를 삶아 건진 뒤 카포나타와 함께 버무려 먹는다.
- 냉장 보관하기 전 따뜻할 때 위의 조리법으로 동일하게 즐길 수 있다.

올리브 파슬리 볼과 구운 복숭아

PAN-FRIED PEACH WITH OLIVE PARSLEY BALL

땀을 많이 흘려서 여름을 싫어하는 사람이었는데, 요리를 시작하고부터는 겨울에 비해 상대적으로 다양하고 풍족한 제철 식재료를 즐길 수 있어서 그런대로 여름을 잘 보내는 사람이 되었습니다. 6월 중순부터 7월 초까지, 약 2주간만 먹을 수 있는 신비복숭아부터 8월 초까지 제철인 천도복숭아, 말랑이라 불리는 7월 하순의 대옥계, 딱복이라고도 하는 7월 말부터 8월 초의 마도카, 이 외에도 납작복숭아 등 수확 시기에 따라 다양하게 맛볼 수 있는 복숭아는 여름의 상징과도 같습니다. 복숭아라 하면 황도, 백도, 천도복숭아만 있는 줄 알았던 제가 아는 만큼 더 다양하게 즐기는 어른이 된 기분이랄까요.
스파클링 와인이나 화이트 와인과 함께 즐길 수 있는 여름 안주로 파슬리 볼 복숭아를 만들어보았는데요. 달고 신 과일에 견과류의 고소함과 올리브의 짠맛까지 더해지면 길게 말할 필요도 없지요!

2인분
20분

INGREDIENT

천도복숭아	2개	일반 복숭아로 대체 가능
이탈리안 파슬리	10g	일반 파슬리, 민트, 딜로 대체 가능
믹스 견과류	60g	
그린 올리브	30g	
크림치즈	200g	
소금	약간	
후추	약간	
선택 재료		엑스트라 버진 올리브유 적당량

TO COOK

1 천도복숭아는 반으로 칼집을 내고 비틀어 쪼갠다.
씨 바깥쪽으로 숟가락을 넣어 살살 돌려가며 씨를 제거한다.

2 이탈리안 파슬리는 가볍게 씻은 뒤 물기를 완전히 제거하고, 줄기를 제외한 잎만 잘게 다진다.

3 믹스 견과류는 기름 없이 팬에서 1-2분간 가볍게 굽는다.

냉장 또는 냉동 보관한 경우엔 특히 습기로 인해 눅눅할 수 있기 때문에 살짝 구워 향을 내는 것이 좋다.

4 믹스 견과류와 그린 올리브를 도마 위에 함께 올려놓고 잘게 다진다.

5 볼에 크림치즈와 4를 넣고 소금과 후추로 간하여 골고루 섞는다.

6 손바닥에 5를 적당량 올리고 살살 굴려 볼을 만든다.

복숭아 씨가 있던 자리에 들어갈 만한 크기면 적당하다.

7 다진 파슬리를 접시에 펼쳐 담고 6을 가볍게 굴려 파슬리 볼을 만든다.

8 천도복숭아는 중불에 달군 프라이팬에 기름 없이 굽는다.

자른 면의 겉만 가볍게 태우듯 구우면 단맛이 올라와 더 맛있다.
특별한 맛을 원한다면 복숭아 단면에 설탕을 살짝 뿌리고 토치로 그을려 크렘 브륄레처럼 먹어도 좋다.

9 복숭아 씨를 제거한 부분에 파슬리 볼을 올려 접시에 담거나 따로 낸다.

10 남은 파슬리 볼 믹스는 유리병에 담아 냉장 보관한다.

3-4일 정도 보관이 가능하다.

TIP

* 크래커나 토스트에 발라 먹으면 맛있어요.
* 집에 선물받았거나 여행지에서 산 특별한 소금이 있다면 구운 복숭아에 살짝 찍어 먹어보세요. 올리브유를 뿌려 먹으면 더욱 풍미가 좋아져요.

따뜻하게 먹는 요리

W A R M D I S H

3

토마토 프리터와 오이 차지키 소스

TOMATO FRITTER
WITH TZATZIKI SAUCE

누구도 묻지 않았지만, 자문자답하기를 즐겨하는 사람으로서 가장 좋아하는 식재료를 꼽으라면 고민하지 않고 말할 수 있는 것이 바로 토마토입니다. 제철에만 즐길 수 있는 대저 짭짤이 토마토는 툭툭 썰어 먹고, 대추토마토와 방울토마토는 잘게 다져서 살사를 만들어 먹거나 살짝 데친 후 토마토 절임을 만들기도 하고요. 약간은 밍밍한 찰토마토는 갈아서 가스파초를 만들거나 뭉근하게 끓여 토마토잼을 만들어 빵에 발라 먹기도 합니다. 냉동고에 항상 빼놓지 않고 쟁여두는 선드라이드 토마토는 또 어떤가요. 다져서 파스타에 넣거나 치즈와 루콜라를 더해 샌드위치를 만들어 먹으면 별 재료 없이도 맛있는 한 끼 식사가 완성됩니다. 이뿐인가요. 다져서 넣으면 뻔하지 않은 특별한 커리를 만들 수 있고, 밥을 지을 때 통으로 넣는 토마토밥이 한창 유행하기도 했지요. 다진 양파와 허브를 더해 뭉근하게 끓여두면 토마토 수프와 파스타 소스를 한 번에 뚝딱 해결할 수도 있습니다.
이렇게 조리법이 다양한 토마토로 튀김도 만들 수 있다는 사실! 토마토와 영혼의 단짝 같은 신선한 바질과 페타 치즈를 넣어 지중해 느낌까지 더한 그릭 스타일의 토마토 프리터입니다. 오이 차지키 소스를 찍어 먹거나, 글레이즈드 발사믹 비니거를 더한 올리브유 소스와도 무척 잘 어울립니다. 햄버거 패티처럼 빵 안에 넣어 먹어도 좋겠군요.

2-3인분
40분

INGREDIENT

방울토마토	250g	토마토 1-2개로 대체 가능
바질	20g	딜이나 민트로 대체 가능
적양파	1/2개	중 사이즈 / 일반 양파로 대체 가능
페타 치즈	70g	
마늘	1쪽	
밀가루	200g	바삭함을 위해 부침가루 혹은 튀김가루로 대체 가능
베이킹파우더	1/2작은술	
찬물	80-90ml	
소금	약간	
후추	약간	
식용유	200ml	튀김용

TO COOK

1 방울토마토와 양파는 잘게 썰고 마늘은 다진 뒤 소금을 1작은술 뿌려 섞은 다음 체에 밭쳐 물기를 제거한다.

2 바질은 잎만 떼어 다진다.

3 볼에 1과 2를 담고, 베이킹파우더와 밀가루를 넣는다. 소금과 후추로 간한다.

토마토마다 수분의 양이 다르기 때문에, 밀가루는 한 번에 넣지 말고 30% 정도 남겨두었다가 필요할 때 더하도록 한다.

4 페타 치즈를 살짝 으깨어 넣고 찬물을 조금씩 부어 전체 재료와 섞어 골고루 반죽한다.

물은 한 번에 넣지 말고 조금씩 섞어가며 너무 질지 않게 반죽을 만든다.

5 프라이팬에 튀김용 식용유를 넣고 가열한다.

6 숟가락 두 개를 이용해 반죽을 떼어 양쪽에 굴려가며 모양을 만들고 팬에 넣어 중불로 바삭하게 튀긴다.

반죽이 완전히 잠길 만큼 식용유를 많이 사용하지 않기 때문에 앞뒤로 뒤집어가며 골고루 익히는 것이 포인트. 식용유의 양을 넉넉히 늘려 튀겨도 무방하다.

7 튀김이 먹기 좋은 색으로 익으면 건져서 키친타월에 올려 기름기를 뺀다.

8 접시에 옮겨 담은 뒤 오이 차지키 소스에 듬뿍 찍어 먹는다.

오이 차지키 소스

300g
10분

INGREDIENT

그릭 요거트	250g	플레인 요거트로 대체 가능
오이	1/2개	
딜	5g	
소금	1작은술	
후추	약간	
레몬	1개	분량의 제스트
간 마늘	1작은술	

TO COOK

1 오이는 씨를 빼고 잘게 썬다.

2 딜은 잘게 다진다.

3 그릭 요거트에 나머지 모든 재료를 넣고, 소금과 후추로 간을 해 잘 섞는다.

소금은 1작은술을 기준으로 입맛에 맞게 가감한다.

냉장고에서 2-3일간 보관 가능하다.

김치 프리타타
KIMCHI FRITTATA

프리타타는 클래식 오믈렛보다 단단한 형태로 재료의 선택에 제약이 없습니다. 어떤 날은 달걀과 시금치, 양파 정도를 사용해 부드럽게 먹을 수도 있고, 잘 익은 김치에 버터의 풍미를 더한 깊은 맛도 잘 어울립니다. 속재료는 미리 볶아 오래 익히지 않아도 되지만, 달걀이 타지 않도록 약불로 천천히 익히는 것이 포인트입니다. 버터는 아끼지 마세요. 프라이팬에서 달걀 반죽을 뒤집는 것이 힘들다면, 속재료를 볶은 뒤 달걀 반죽에 섞어 종이포일에 올리거나 그릇에 부어 에어프라이어에 넣고 170도에서 20-30분간 익히면 폭신한 프리타타 완성입니다.

3-4인분
30분

INGREDIENT

배추김치	70g	잘 익은 것으로 준비
방울토마토	5-6개	
애호박	1/2개	
양파	1/2개	중 사이즈 / 적양파로 대체 가능
당근	1/2개	중 사이즈
달걀	5개	
버터	30g	
올리브유	20ml	
소금	1/2작은술	
후추	약간	

1 배추김치는 물에 담가 고춧가루 양념을 씻어낸 뒤 잘게 자른다.

2 방울토마토와 애호박, 양파는 비슷한 크기로 자른다. 당근은 잘게 다지거나 채칼을 이용해 채 썬다.

3 달걀은 깨뜨려 볼에 담고 거품기로 잘 풀어준 뒤 소금과 후추로 간한다.

4 프라이팬에 올리브유를 두르고 양파와 당근, 김치, 방울토마토, 애호박 순으로 넣어 중불에서 볶다가 버터 10g을 넣고 약불로 줄여 좀 더 볶은 뒤 불을 끈다.

5 달걀을 담은 볼에 모든 재료를 넣어 골고루 섞은 뒤 예열한 프라이팬에 버터 10g을 올리고 녹인 뒤 한번에 붓는다.

프라이팬이 크면 뒤집기 힘들기 때문에 지름 20cm 정도의 작은 팬을 이용하면 좋다.

6 뚜껑을 덮고 약불에서 천천히 익힌다.

7 프라이팬의 가장자리를 살짝 들어 골고루 잘 익었는지 확인한 후, 반죽이 흐물거리지 않을 만큼 익었다면 뒤집는다.

이때 접시를 덮어 프라이팬을 뒤집고, 다시 남은 버터를 프라이팬에 올려 잘 녹인 후 접시의 내용물을 그대로 팬에 밀어 올려 반대쪽 면을 익힌다.

8 한 김 식힌 후 접시에 옮겨 담아 낸다.

마늘종 볶음

STIR-FRIED GARLIC STEMS

MADE IN U.S.A.
Mc. ILHENNY CO.
AVERY ISLAND
LA.
TABASCO
BRAND
PEPPER SAUCE
150 ml

학창 시절 도시락을 싸서 다니던 세대였는데, 대표적인 반찬으로 김치를 제외하면 소시지 볶음, 두부조림, 부추전, 진미채 그리고 마늘종 장아찌가 떠오릅니다. 집 반찬으로 엄마가 만들어주시던 마늘종 건새우 볶음이나 마늘종 고추장 볶음도 기억이 나네요. 요즘 백반집이 하나둘 사라지면서 마늘종은 혼밥족인 저에겐 어느새 추억의 반찬이 되었고, 스스로 음식을 해 먹기 시작한 이후로 가끔 마늘종 파스타를 만들어 먹는 정도입니다.

요리하는 사람으로서 가장 큰 장점이라면 다양한 식재료를 경험하고 비교적 능숙하게 다룰 줄 알게 되면서 여러 시도를 주저하지 않는 '도전 정신'이 아닐까 생각합니다. 마늘종은 밥반찬으로만 먹기엔 너무 근사한 식재료니까요. 저의 마늘종 볶음에서 알싸한 타바스코 소스와 레몬즙은 절대 빠져서는 안 되는 킥입니다.

1접시 분량
15분

INGREDIENT

마늘종	300g	냉동 그린빈으로 대체 가능
아몬드	50g	
건포도	20g	
케이퍼	10g	
선드라이드 토마토	20g	
레몬	1/2개	분량의 즙과 제스트
소금	1큰술	
타바스코 소스	2큰술	
후추	약간	
올리브유	30ml	식용유로 대체 가능

TO COOK

1 마늘종은 5~7cm 길이로 썬다.

2 끓는 물에 소금을 넣은 뒤 마늘종을 약 3분간 데쳐 찬물에 헹구고 체에 밭쳐 물기를 제거한다.

3 프라이팬에 올리브유를 두르고 마늘종을 강불에 2~3분간 볶는다.

4 아몬드, 다진 선드라이드 토마토, 케이퍼, 건포도를 넣고 짧게 볶는다.

5 타바스코 소스와 레몬즙을 뿌리고 후추로 간한 뒤, 접시에 옮겨 담아 레몬 제스트를 올려 마무리한다.

TIP

마늘종을 좀 더 오래 데친 후 올리브유를 넉넉히 붓고 프라이팬에 볶지 않고 4의 재료와 5의 소스 재료를 섞어 그대로 먹으면 보다 아삭한 식감을 즐길 수 있어요.

레바논식 매운 감자

BATATA HARRA

CHIQUILÍN

작년에 호주 멜버른과 시드니로 여행을 다녀왔습니다. 해변을 바라보며 맛있게 먹었던 태즈메이니아 와인과 피시 앤드 칩스, 샌드위치, 디저트를 포함해 호주에서의 식사는 다양한 인종만큼이나 글로벌한 세계 요리들이었습니다. 지나가다 관심있게 본 레바논 식당이 하나 있었는데, 꼭 가보고 싶었지만 일정이 맞지 않아 결국 맛보지 못했답니다.
아쉬운 마음에 한국으로 돌아와 레바논 음식들을 찾아보게 되었고, 우연히 발견한 바타타 하라(매운 감자 요리) 레시피를 집에서 만들어보았지요. 레바논에 가본 적은 없지만, 재료의 조합만으로도 이미 상상이 가는 맛이었습니다. 오리지널 레시피는 감자를 튀기는 것이지만, 간편하게 에어프라이어에 구워도 감자가 충분히 바삭하게 익습니다. 이 요리의 가장 큰 매력은 볶은 고수의 놀라운 풍미와 파프리카 가루의 조화에 있습니다. 고수를 이렇게 많이 넣어도 될까 싶을 만큼 넣어도 금세 숨이 죽기 때문에, 고수 러버라면 넉넉하게 준비해야 합니다. 파프리카 가루는 한국 고춧가루의 매운맛과는 완전히 다르기 때문에 작은 용량이라도 꼭 구입하기를 권합니다. 마무리에 뿌리는 레몬즙도 잊지 마세요.

1접시 분량
30분

INGREDIENT

감자	3개	중 사이즈
고수	50g	
적양파	1/2개	중 사이즈 / 일반 양파로 대체 가능
마늘	5-6쪽	
파프리카 가루	1큰술	
코코넛 오일	4큰술	올리브유 또는 식용유로 대체 가능
소금	1작은술	
후추	약간	
레몬	1/4개	분량의 즙
레몬	1/2개	분량의 제스트

1 감자는 깨끗이 씻어 껍질째 크게 깍둑썰기한다.

2 양파는 채 썰고 마늘은 다지거나 편으로 썬다.

3 고수는 줄기와 잎을 나눠 각각 잘게 다진다.

4 감자에 코코넛 오일 2큰술, 소금과 후추를 넣어 섞은 뒤 에어프라이어에 넣고 180도에서 30분간 익힌다.

프라이팬에서 조리할 경우, 기름을 넉넉히 둘러 중불에서 바삭하게 익힌다.

5 프라이팬에 코코넛 오일 2큰술을 두르고 마늘과 양파를 볶다가 다진 고수 줄기를 넣고 잠시 후 고수 잎을 넣어 골고루 섞는다. 파프리카 가루와 소금, 후추로 간을 해 볶는다.

6 에어프라이어에서 꺼낸 감자를 프라이팬에 넣고 골고루 섞은 뒤, 접시에 옮겨 담고 여분의 고수, 레몬 제스트와 레몬즙을 뿌려 마무리한다.

브로콜리 바냐 카우다

BROCCOLI BAGNA CÀUDA

TENERE IN LUOGO FRESCO

몇 년 전, 한국에서 갑작스럽게 유행이 퍼지기 시작한 바냐 카우다는 이탈리아 피에몬테 지역에서 기원을 찾을 수 있습니다. 수확을 마친 농부들이 자축하며 와인과 함께 먹었던 소박한 음식으로, 만들기 쉽고 보관도 용이합니다.
고된 노동 뒤엔 소울푸드처럼 포근한 음식을 찾기 마련인데, 바냐 카우다를 먹을 때마다 에너지 충전이 되는 기분을 느낍니다. 마늘과 안초비를 허브와 함께 뭉근하게 끓이는 간단한 조리법일 뿐인데, 늘 예상을 뛰어넘는 풍미가 있기 때문이지요. 바냐 카우다 소스를 따뜻하게 데워 부드럽게 갈고, 빵과 채소찜 혹은 생채소를 찍어 먹는다는 점에서 퐁듀와도 흡사합니다. 넉넉히 만들어 절반은 갈아서 냉장 또는 냉동 보관하고, 나머지 절반은 파스타 면을 삶아 섞어 드세요.

바냐 카우다

2-3회 분량
30분

INGREDIENT

마늘	10쪽	
로즈메리	10g	타임으로 대체 가능 / 드라이 허브를 사용할 경우 믹스 허브로 1작은술
레몬	1개	분량의 제스트
안초비 필레	10조각	
페페론치노	3-4개	취향에 따라 맵기 조절
올리브유	200ml	

TO COOK

1 마늘은 편 썰고, 레몬은 감자칼 등을 이용해 껍질을 살짝 벗긴다.

2 프라이팬에 올리브유를 붓고 약불에 올린 상태로 마늘을 넣어 완전히 익힌다.

3 레몬 제스트와 로즈메리, 안초비, 페퍼론치노를 넣어 약 3~4분간 더 익힌 후 불을 끈다.

   안초비는 가열하면 쉽게 풀어지므로 따로 다지지 않아도 된다.

4 그대로 쓰거나 블렌더로 부드럽게 갈아준다.

5 유리병이나 밀폐용기에 옮겨 담는다.

   냉장고에서 10일간 보관 가능하다.

1접시 분량
15분

INGREDIENT

브로콜리	1개	애호박, 미니 양배추, 새송이버섯, 아스파라거스 등으로 대체 가능
볶은 빵가루	약간	빵가루 200g 정도를 프라이팬에 올려 약불에서 갈색이 될 때까지 볶은 뒤, 한 김 식혀 용기에 담아 냉동 혹은 냉장 보관한다. 미리 만들어두고 필요할 때마다 꺼내 가니시로 쓰면 편리하다.
소금	1큰술	

TO COOK

1 브로콜리는 깨끗이 세척해 먹기 좋은 크기로 자른다.

2 냄비나 웍에 물을 절반 이상 채운 뒤 소금 1큰술을 넣고 끓으면 브로콜리를 약 2분간 데친다.

3 브로콜리의 색이 진해지고 아삭해지면 불을 끄고 건져낸다.

4 프라이팬에 브로콜리를 넣고 바냐 카우다 소스 2-3큰술과 함께 가볍게 볶은 뒤 불을 끈다.

5 접시에 옮겨 담고 가니시로 볶은 빵가루를 듬뿍 올려 완성한다.

TIP

* 남은 바냐 카우다 소스는 파스타 소스로 활용해도 좋아요.
* 바냐 카우다 소스를 갈아 디핑 소스로 만들고 채소찜을 준비해 곁들여 먹습니다.

코코넛 올스파이스 콜리플라워

COCONUT ALLSPICE CAULIFLOWER

Real
THAI
Original Thai Cuisine
Coconut Milk
Lait de coco

올스파이스는 카리브해의 대표적인 향신료로 시나몬, 정향, 육두구 등이 혼합된 달콤한 향과 매운 향이 동시에 납니다. 족발을 삶을 때 흔히 맡을 수 있는 강한 향과도 비슷합니다. 한국의 일반 가정에서는 올스파이스를 따로 요리에 활용할 일이 많지 않지만, 서양에서는 고기를 요리할 때, 스튜를 끓일 때 또는 디저트를 만들 때에도 자주 사용합니다. 요즘은 온라인에서 쉽게 구할 수 있지만, 강황가루에 코코넛 밀크와 땅콩을 조합해 대체할 수 있습니다. 상상 속 캐러비안의 풍미와 실재하는 동남아시아의 풍미를 섞어 만든 이 특제 소스는 닭 정육이나 돼지고기, 새우와도 무척 잘 어울립니다. 소스 자체로 또 하나의 커리가 완성되기도 하고, 구운 버섯이나 삶은 감자를 양념해 팬에 한 번 더 구워도 맛있으니 이 특별한 향신료를 꼭 한번 도전해보세요.

1접시 분량
30분

INGREDIENT

콜리플라워	1개	브로콜리 혹은 양배추로 대체 가능
고수	10g	
땅콩	100g	
큐민 가루	1큰술	강황가루 2큰술로 대체 가능 정향, 팔각, 육두구, 시나몬 등을 취향껏 섞어도 무방
강황가루	1큰술	
시나몬 가루	1작은술	
설탕	2큰술	
소금	1/2큰술	
코코넛 밀크	400ml	
페퍼론치노	3개	생략 가능
후추	약간	
코코넛 오일	20ml	올리브유로 대체 가능
피스타치오	20g	가니시용 / 땅콩으로 대체 가능

TO COOK

1 땅콩은 프라이팬에서 약불로 가볍게 볶은 뒤, 한 김 식혀둔다.

2 코코넛 밀크에 볶은 땅콩을 넣고, 콜리플라워를 제외한 재료를 모두 더해 블렌더로 곱게 갈아 소스를 만든다.

3 콜리플라워는 밑동을 제거하고 세로로 반 잘라 소스를 골고루 바른 뒤, 에어프라이어에 넣고 180도에서 20분간 익힌다.

10분간 익히다가 다시 한 번 여분의 소스를 바른 후 나머지 10분간 더 익힌다.
프라이팬에서 조리할 경우, 콜리플라워를 결대로 분리해서 먼저 볶다가 소스를 넣어 조리듯이 더 볶아준다. 콜리플라워를 먼저 익힌 다음 소스를 넣고 약불로 줄여야 타지 않는다.

4 접시에 콜리플라워를 옮겨 담고 피스타치오나 땅콩을 다져 올려 완성한다.

TIP

남은 올스파이스 소스는 커리를 만들어 먹거나 새우, 돼지고기, 닭고기를 조리할 때 활용해도 좋아요.

사천식 크리스피 두부
SICHUAN CRISPY TOFU

오래전 튀르키예로 여행을 다녀온 친구가 지역 파머스 마켓에서 사 온 믹스 향신료를 선물로 준 적이 있어요. 한 번 맛보고 완전히 반해 그 자리에서 종이에 조금 올려 어떤 재료가 들어갔는지 살펴보았더니, 참깨와 중동 향신료, 견과류 등이 섞여 있었어요. 튀르키예 사람들은 보통 크림치즈 베이글 위에 뿌려 먹는다고 하더군요. 저는 그 당시에 아보카도 위에 올리브유와 함께 듬뿍 뿌려 먹었던 기억이 납니다. 요리를 하면서 향신료의 위대함에 종종 놀랄 때가 있는데, 이는 커리 향신료가 전부인 줄 알았던 과거에 비하면 요리의 세계관을 놀랍도록 확장시켜준 핵심 재료이기 때문일 거예요.

이번 책의 촬영을 진행하는 현장에서 특히나 폭발적인 반응을 얻었던 마법의 풍미 파우더를 소개합니다. 마라의 주재료인 화자오에 참깨를 듬뿍 얹고, 후추와 설탕, 소금을 섞어 만든 가루. 그 용도가 어찌나 다양한지, 촬영 현장에 있던 스태프들이 거의 모든 음식에, 심지어는 사과와 과자에도 뿌려 먹었을 정도입니다. 오이나 당근, 양배추 등 채소를 마구마구 해치울 수 있는 가공할 위력의 마법 가루를 위해, 지금 당장 화자오를 주문하세요!

1접시 분량
30분

INGREDIENT

두부	1모	부침용
대파	약 10cm	흰 부분
감자전분	3큰술	
식용유	100ml	
소금	약간	
풍미 파우더	3-4회 분량	화자오 10g, 참깨 10g, 후추 3g, 소금 3g, 설탕 6g 화자오와 참깨의 양은 취향에 맞게 조절 가능
파절임 소스	적당량	식초 2큰술, 설탕 1/2큰술

TO COOK

1 두부에 소금 1/2큰술을 골고루 뿌리고 키친타월로 감싼 뒤 무거운 접시를 올려 10분 정도 물기를 뺀다.

2 파절임 소스 재료는 잘 섞어둔다.

3 대파는 세로로 가늘게 채 썬 뒤 파절임 소스에 무친다.

4 물기 빠진 두부는 한입 크기로 깍둑썰기하고, 감자전분을 담은 그릇에 옮겨 꼼꼼하게 가루를 묻힌다.

5 프라이팬에 식용유를 붓고 중불에서 두부를 바삭하게 튀기듯 뒤집어가며 골고루 익힌다.

6 풍미 파우더 재료를 모두 잘 섞고 절구나 블렌더를 이용해 갈아준다.

식감을 위해 고운 가루 형태보다는 재료가 적당히 씹히는 편이 좋다.

7 볼에 두부를 담고 풍미 파우더 1/2-1큰술을 뿌려 골고루 섞는다.

가루는 맛을 보고 기호에 맞게 양을 조절하자.

8 접시에 파절임을 깔고 그 위에 두부를 보기 좋게 올려 완성한다.

청고추나 홍고추를 얇게 썰어 가니시로 올려도 좋다.

TIP

풍미 파우더는 각종 고기를 비롯하여, 떡, 과일, 달걀, 양배추나 오이와 같은 채소에 곁들여 먹어보세요.

새송이버섯 스테이크

KING OYSTER MUSHROOM STEAK

새송이버섯은 한국에서 저렴하게 구할 수 있는 식재료로 항상 손꼽히는 채소입니다. 요즘엔 인터넷에서 쉽게 따라 할 수 있는 다양한 버섯 요리들을 찾아볼 수 있는데, 버섯 스테이크를 검색해보면 항상 '고기와 흡사한'이라는 수식어가 따라붙습니다. 향도 향이거니와 식감으로 즐겨 먹는 채소라는 의미겠지요.
새송이버섯은 프라이팬에서 익히면 생각보다 손이 바빠지는 재료이고, 수분을 날려가며 바삭하게 익히는 것이 수월하진 않습니다. 에어프라이어에서 버섯이 익는 동안 단호박 퓌레를 만들면 조리 시간을 단축할 수 있고 따뜻한 상태로 바로 먹을 수 있어요. 여름 제철인 미니 밤호박으로 만든 퓌레는 쨍한 단맛 그대로 소금과 후추로만 간을 해서 수프로도 즐길 수 있고, 차게 해서 빵을 찍어 먹어도 별미입니다. 아, 물론 버섯을 바삭하게 구워 맛있는 올리브유와 소금만 뿌려 담백하게 먹는 것도 추천합니다.

1접시 분량
30분

INGREDIENT

새송이버섯	4개	
미니 밤호박	1개	단호박 1/2개로 대체 가능
양파	1/2개	중 사이즈
타임	3g	드라이 허브를 사용할 경우 1/2작은술
마늘	2쪽	
아몬드	30g	다른 견과류로 대체 가능
버터	20g	
올리브유	30ml	
소금	약간	
후추	약간	
소스	적당량	글레이즈드 발사믹 2큰술 혹은 발사믹 비니거 3큰술, 올리브유 20ml, 메이플 시럽 또는 올리고당 1큰술, 소금 약간, 후추 약간

TO COOK

1 미니 밤호박은 껍질을 벗기고 씨를 제거한 뒤 잘게 자른다.

2 양파와 마늘은 잘게 다진다. 올리브유를 두른 프라이팬에서 밤호박과 함께 중불로 볶다가 타임 잎을 넣어 함께 볶는다.

3 양파가 투명해지면 재료가 반 정도 잠길 만큼 물을 붓고 소금과 후추로 간한 뒤 뚜껑을 덮고 중약불로 10분간 끓인다.

4 밤호박이 다 익었다면 버터를 넣고 잘 섞은 뒤 불을 끄고 블렌더나 믹서로 곱게 갈아 퓌레를 만든다.

5 새송이버섯은 밑동을 자르고 통째로 기름 없이 에어프라이어에 넣어 180도에서 20분간 익힌다.

6 소스 재료는 모두 섞어 소스를 만든다.

7 에어프라이어에서 새송이버섯을 꺼내 소스를 골고루 바르고 다시 에어프라이어에 넣어 5분간 더 익힌다.

8 접시에 밤호박 퓌레를 깔고 구운 새송이버섯을 올린 뒤, 다진 아몬드를 뿌려 마무리한다.

에그 커리
EGG CURRY

CASA
MARRAZZO
1934
Concentrato di Pomodoro

쿠킹 클래스에서 매년 다양한 커리 요리를 선보이는 편인데, 태국식 커리, 인도식 커리, 일본식 수프 커리 등 나라별로 개성이 다른 커리를 소개할 때마다 수강생들에게 인기가 좋습니다. 에그 커리는 기존의 재료로 만드는 방식에서 벗어나 심플한 재료로 커리 본연의 맛에 힘을 쏟고, 삶은 달걀 하나로 무심한 듯 강렬하게 시선을 사로잡는 특징이 있습니다. 삶은 달걀을 식용유에 볶으면 달걀 겉면의 식감이 쫀쫀해지는 점도 독특하고, 함께 볶는 향신료가 달걀의 흰 바탕에 그대로 스며들어 선명한 붉은 색을 띠고, 눅진한 질감의 커리 향신료가 후각과 미각을 자극합니다. 흡사 떡볶이를 먹고 남은 양념에 삶은 달걀을 올린 듯 간단해 보이는데, 막상 맛을 보면 감탄하며 계속 퍼 먹게 되는 이상한 힘이 있습니다.
자, 이제 향신료의 세계로 빠져들 타이밍입니다.

3-4인분
30분

INGREDIENT

달걀	6-8개	
양파	1개	중 사이즈
간 생강	1작은술	
간 마늘	1큰술	
페퍼론치노	약간	취향에 따라 맵기 조절
토마토 퓌레	200g	
육수	300ml	치킨스톡+물 또는 시판 육수 사용
파프리카 가루	1큰술	달걀 볶는 용 1작은술 별도 준비
가람 마살라	1큰술	달걀 볶는 용 1작은술 별도 준비
강황가루	1큰술	달걀 볶는 용 1작은술 별도 준비
고수	30g	이탈리안 파슬리로 대체 가능
설탕	2-3큰술	
간장	3큰술	
소금	1/2작은술	
후추	약간	
올리브유	30ml	

TO COOK

1 달걀은 찬물에 넣고 10-12분간 가열해 삶는다. 양파와 고수는 잘게 다진다.

달걀의 반숙 또는 완숙은 개인의 취향에 맞춘다.

2 예열한 프라이팬에 올리브유를 넉넉히 두른 뒤 삶은 달걀을 넣고 중약불로 5분간 볶다가, 파프리카 가루, 가람 마살라, 강황가루, 소금을 넣고 2-3분간 더 볶는다.

달걀에 향신료의 향과 간이 배도록 한다.

3 달걀은 팬에서 꺼내 따로 두고 같은 팬에 올리브유를 둘러 다진 양파와 마늘, 생강, 페퍼론치노를 넣고 소금과 후추로 간하여 양파가 투명해질 때까지 볶는다.

4 다진 허브, 파프리카 가루, 가람 마살라, 강황가루를 각 1큰술씩 넣고 3-4분간 더 볶은 뒤, 토마토 퓌레, 육수 순으로 넣어 골고루 섞는다. 뚜껑을 덮은 상태로 약불에 10분간 끓인다.

설탕과 간장으로 취향에 맞게 간을 한다.

5 접시에 커리를 담고 달걀을 올린 뒤 다진 허브를 가니시로 올려 마무리한다.

TIP

달걀을 향신료와 함께 프라이팬에 따로 볶아야 색이 잘 스며들어요.

oxo
oz
cups

건미역 배추 전골

DRIED SEA MUSTARD AND CABBAGE HOT POT

건미역 배추 전골은 저의 레시피 중 SNS에서 가장 반응이 뜨거웠던 요리예요. TV 프로그램 〈편스토랑〉에서도 소개된 적이 있을 정도니까요. 일반 전골과의 차이점이라고 한다면 건미역을 물에 담가둘 필요 없이 조리 첫 과정부터 바로 넣는 건데, 꼬들하게 씹히는 미역의 식감이 포인트입니다. 여기에 샤브샤브 육수나 양지 육수 등 시판 제품을 사용해 조리 시간을 줄이고, 맛있게 입안을 감싸는 감칠맛의 주인공인 미역과 자연 단맛의 알배추를 넣어 육수의 풍미를 더합니다.
SNS에 올라오는 수많은 후기에서 다양한 재료 선택을 보는 재미도 있었는데요. 미역을 제외하면 각자 입맛에 맞게 얼갈이배추나 봄동, 미나리, 숙주 등등 골라가며 만들 수 있습니다. 재료를 다 건져 먹고 남은 국물에 식은 밥을 넣어 죽을 만들어도 맛있으니, 찬바람 부는 계절에 든든한 한 끼로 딱입니다.

3인분
15분

INGREDIENT

알배추	300g	
느타리버섯	150g	각종 버섯으로 대체 가능
만가닥버섯	150g	
건미역	10g	
대파	1대	
후추	약간	
소금	약간	
육수	130ml	시판 샤브샤브 육수 사용 / 건버섯 우린 물 또는 채수로 대체 가능
물	1.3L	

TO COOK

1 알배추는 한입 크기로 자른 뒤 흰 줄기 부분과 노란 잎 부분으로 구분해서 둔다.

2 버섯은 밑동을 정리하고 한입 크기로 떼어내고, 대파는 어슷하게 썬다.

3 건미역은 작게 부순다.

4 냄비에 샤브샤브 육수와 물을 1:10 비율로 넣고 강불에 끓인다. 육수가 끓기 시작하면 알배추의 줄기 부분과 건미역, 느타리버섯을 넣는다.

5 약 5분간 끓이다가 알배추의 잎 부분과 만가닥버섯, 어슷 썬 대파를 넣고 약 3분간 더 끓인다. 간을 보고 부족하면 소금과 후추, 육수를 좀 더 넣어 조절한다.

면과 밥

NOODLE AND RICE

토마토 냉국수

COLD TOMATO NOODLE

때는 바야흐로 2023년 여름, 이 책을 계약하고 난 이후의 어느 날입니다. 한 요리 경연 프로그램의 참가자 모집 정보를 가져다준 친구는 저에게 이제는 때가 되었다며, 더 넓은 세상으로 나아가라고 적극적으로 참여를 독려했지요. 몇 번이나 친구의 권유를 뿌리치다가 큰 용기를 내어 지원서를 냈고, 1차 서류 합격. 사회적 자아를 전부 끌어낸 2차 면접은 분위기가 너무 좋아서 마음으로는 이미 톱 10에 진출한 사람이 되어 합격 소식을 기다리고 있었답니다. 그러나 기다림의 시간이 두 달을 넘어가면서 패기는 온데간데없어지고, 저는 불합격 통지를 받게 되었어요. 지금 생각하면 이불킥이 특기인 성격상 방송은 저와 맞지 않는 일인 것 같고, 새로운 도전을 시도했던 용기만큼은 스스로 기특하게 생각하는 해프닝으로 남았습니다.
그때 요리 경연을 위해 준비했던 메뉴가 바로 이 토마토 냉국수입니다. 이유야 어찌됐든 스스로 만족할 만한 창작요리 하나가 탄생한 것 같아 다행이기도 합니다. 젓갈향이 강하지 않은 열무김치나 백김치 국물의 은은한 감칠맛과 매실액의 달큰함은 싱겁고 밍밍한 찰토마토 맛을 힘껏 끌어올려주고, 마무리로 듬뿍 뿌리는 바질 오일의 향긋함은 마지막 한입까지 진한 여운을 남깁니다. 바질은 생략하더라도 맛있는 올리브유만큼은 꼭이에요, 꼭!

2인분
20분

INGREDIENT

토마토	4-5개	중 사이즈
바질	10g	
올리브유	100ml	
열무김치 또는 백김치 국물	3큰술	시판 동치미 냉면 육수로 대체 가능하며, 이때는 간을 따로 하지 않아도 된다
매실액	2큰술	생략 가능
소금	1/2큰술	
소면	200g	

1 토마토는 꼭지를 제거하고 끓는 물에 3분간 데친 뒤 찬물에 담갔다가 껍질을 벗긴다.

십자로 칼집을 내고 데치면 껍질을 쉽게 벗길 수 있다.

2 강판에 토마토를 갈거나 블렌더로 곱게 갈아 토마토 국물을 만든다.

숟가락으로 꾹꾹 눌러가며 체에 거르면 씨와 완전히 갈리지 않은 껍질을 제거해 좀 더 선명하고 맑은 토마토 국물을 만들 수 있다. 가장 중요한 단계이니 생략하지 않도록 한다.

3 토마토 국물에 열무김치 국물, 매실액, 소금으로 간을 한 뒤 냉동고에 1시간 두거나 2-3시간 냉장한다.

간은 맛을 보고 취향에 맞게 가감한다.

4 바질은 올리브유와 함께 블렌더로 곱게 간 뒤 체에 거르거나 커피필터 종이로 걸러 바질 오일을 만든다.

남은 분량은 따로 병에 옮겨 담아 냉장 보관하고 샐러드 드레싱이나 파스타 소스로 사용하면 좋다. 일주일간 보관 가능하다.

바질 오일을 생략할 경우, 올리브유 2큰술로 대체한다.

5 소면은 포장지에 적힌 시간을 참고해 끓는 물에 삶고 손으로 힘차게 헹군 뒤, 얼음물에 담갔다 체에 밭쳐둔다.

6 그릇에 삶은 국수를 적당량 담고 토마토 국물을 부은 뒤, 바질 오일을 듬뿍 뿌려서 마무리한다.

5
32
4
24
3
16
2

유부 소보로 소바

SOBA NOODLE WITH FRIED TOFU

特選

유부는 평소 유부초밥이나 부추와 당면을 가득 넣어 만든 유부주머니, 유부를 썰어 넣은 우동 정도로만 경험했는데, 이번에 새로운 레시피를 만들어보았어요. 생유부를 바삭하게 구운 맛이 머릿속에 잘 그려졌기 때문에 진행 과정은 수월했습니다. 간장과 설탕으로 볶은 유부와 어울리는 풍미엔 어떤 것이 있을까, 고민할 것도 없이 바로 감태가 떠올랐거든요. 김이나 감태라면 유부와 완벽하게 조화로운 맛이 만들어질 것 같았는데, 여기에 고소한 참기름과 들기름을 더한다면 더 말할 필요도 없지요. 우동 면은 통통해서 식감이 좋았고, 메밀 면은 쌉쌀함과 고소함이 양념과 잘 어우러져 좋았습니다. 취향에 맞는 면을 골라 만들어보세요. 선택 재료인 달걀 노른자는 부드러운 고소함을 더해주고, 반 정도 먹다가 살짝 뿌리는 식초는 달달짭짤함에 적절하게 치고 들어오는 강력한 풍미 한 방입니다.

2인분
20분

INGREDIENT

통유부 또는 유부채	150g	양념이 안 된 제품으로 준비
감태	40-50g	김으로 대체 가능
간장	2큰술	
설탕	1-2큰술	
메밀 면	200g	우동 면으로 대체 가능
참기름	2큰술	섞어서 준비
들기름	2큰술	
선택 재료		달걀 노른자 2개, 식초 2-3큰술

TO COOK

1 유부는 칼로 잘게 다진다. 감태는 마른 프라이팬에 살짝 구워 잘게 찢거나 블렌더로 갈아 가루 형태로 만든다.

2 프라이팬에 잘게 다진 유부를 넣고 기름 없이 10분간 볶다가 참기름과 들기름을 두르고 약불에서 조금 더 볶는다.

3 바삭하게 구운 유부에 간장과 설탕을 넣고 골고루 섞어 양념한 뒤, 한 김 식혀 유부 소보로를 만든다.

간은 맛을 보고 취향에 맞게 가감한다.

4 메밀 면은 끓는 물에 삶아 찬물에 헹군 뒤 체에 밭쳐 물기를 제거하고 접시에 옮겨 담는다.

5 유부 소보로와 감태를 메밀 면의 가장자리에 고르게 올린다.

6 가운데에 달걀 노른자를 올리고 마무리한다.

취향에 따라 식초를 조금 추가하면 마제소바 맛을 낼 수 있다.

TIP

남은 유부 소보로는 샐러드 토핑으로 올리거나 밥 위에 뿌려 먹어도 맛있어요.

STAUB

오리엔탈 누들 샐러드

ORIENTAL NOODLE SALAD

健力
超
級
米粉
WAI WAI BRAND
STYLE INSTANT NOODLES
Vermicelle de riz / Banh Hoi
Rice(90%), Water(10%)
Riz (90%), eau (10%)
OF THAILAND
de Thaïlande
: 200g/7 OZ.
net : 200g/7 OZ.

태국의 대표적인 길거리 음식인 쏨땀을 좋아하시나요? 다 먹고 남은 느억맘 소스를 볼 때마다 여기에 면을 말아 후루룩 먹으면 얼마나 맛있을까 생각한 적 있으실 텐데요. 쏨땀의 주재료인 그린 파파야 대신 아삭한 채소와 과일로 만든 누들 샐러드를 소개합니다. 소스를 넉넉하게 만들어 병에 담아 보관해놓으면, 입맛 없는 한여름에 좋아하는 채소와 과일로 샐러드를 만들어 상큼하게 배를 채울 수 있어 좋습니다. 밀가루 국수보다는 쌀국수가 한결 속이 가볍고, 면 없이 샐러드로만 먹을 때에는 남은 소스에 밥을 조금 말아 즐겁고 든든하게 마무리할 수도 있습니다. 데친 새우나 삶은 닭가슴살을 찢어 함께 곁들여도 훌륭하니, 입맛대로 다양하게 즐겨주세요.

2-3인분
30분

INGREDIENT

토마토	1/2개	
오이	1/2개	
피망	1/2개	파프리카로 대체 가능
라임 혹은 레몬	1개	1개 분량의 즙과 제스트
당근	1/2개	
참외	1/2개	
쌀국수 버미셀리 면	150g	
오리엔탈 소스	적당량	참외 1개 분량의 즙, 간 마늘 1작은술, 다진 고수 10g, 다진 매운 고추 1큰술, 피시소스 2큰술, 라임 또는 레몬 1개 분량의 즙과 제스트, 설탕 1큰술

오리엔탈 소스

1 참외는 꼭지를 제거하고 반으로 잘라 씨 부분을 파내어 체에 밭친 뒤 주걱으로 눌러 즙을 낸다.

2 라임이나 레몬은 깨끗이 세척 후 그레이터로 제스트를 만들고, 반을 잘라 즙을 낸다.

자르기 전에 힘을 주어 주무르거나 바닥에 굴리면 즙이 잘 나온다.

3 참외즙과 라임즙 혹은 레몬즙, 제스트와 나머지 소스 재료를 모두 섞어 소스를 완성한다.

TO COOK

1 파프리카와 오이는 씨를 제거한 뒤 채 썰고, 조직이 단단한 당근은 채칼을 이용해 채 썬다.

2 토마토는 웨지 형태로 자른다.

3 참외의 과육 부분은 한입 크기로 얇게 슬라이스한다.

4 버미셀리 면은 끓는 물에 2-3분간 삶은 뒤 얼음물에 헹구고 체에 밭쳐둔다.

5 샐러드볼에 모든 재료와 버미셀리 면, 소스를 붓고 골고루 버무려 그릇에 담아 완성한다.

건두부 면 오이 냉채

DRIED TOFU NOODLE WITH CUCUMBER SALAD

두부를 좋아하지만 두부 면으로 요리해본 것은 최근의 일입니다. 양꼬치집에서 안주로 시킨 얇은 두부 면 오이무침을 맛있게 먹은 적이 있었는데, 고추기름과 식초, 설탕을 기절할 만큼 많이 넣어 맥주 안주로는 중독적인 맛이었지만 그냥 먹기엔 너무 자극적이었던 것으로 기억합니다.
요즘 비건이거나 다이어트 또는 건강을 위해 식단 관리를 하는 이들에게 두부 면이 인기입니다. 식단 관리 때문이 아니라 오직 맛있어서 두부를 즐겨 먹는 저로서는 식감 좋은 식재료를 찾은 셈이었지요. 이 건두부 면 오이 냉채를 처음에는 사실 푸주(말린 두부 껍질)로 만들었는데요. 물론 식감도 좋고 맛도 있었지만, 푸주를 물에 오래 불리고 끓이는 과정이 복잡해서 대체 재료로 찾은 것이 두부 면이었어요. 마늘과 생강 등 향이 강한 향신채와 베타카로틴이 풍부한 참나물을 더했습니다. 소스는 고스란히 두부 면에 흡수되어 씹을 때마다 기분 좋은 상큼함이 터집니다. 설탕과 매실액은 각자의 입맛에 맞게 줄이거나 더해주세요.

1접시 분량
20분

INGREDIENT

건두부 면	100g	
오이	1개	
마늘	1쪽	
생강	2-3g	
청고추	1개	
홍고추	1개	
통깨	약간	
참나물	20g	
소스	적당량	식초 2큰술, 소금 1작은술, 설탕 1큰술, 매실액 2큰술

TO COOK

1. 마늘과 생강은 잘게 다지거나 그레이터로 갈고, 소스 재료와 함께 미리 섞어둔다.
2. 청고추, 홍고추는 잘게 다지고, 참나물은 먹기 좋은 크기로 자른다.
3. 오이는 깨끗이 세척하여 꼭지를 제거하고 도마에 올린 뒤 칼을 눕혀 탕탕 쳐서 부순다.
4. 오이의 씨를 제거하고 한입 크기로 잘라 볼에 담고 소스와 섞어 냉장고에 잠시 둔다.
5. 두부 면은 끓는 물에 30초간 데치고 찬물에 헹군 뒤 키친타월로 감싸 쥐고 물기를 꼭 짠다.
6. 두부 면을 4에 넣고 참나물과 다진 고추를 넣어 잘 버무린다.
7. 접시에 옮겨 담고 통깨를 올려 마무리한다.

부추 잡채와 우엉 뢰스티

CHIVES JAPCHAE WITH BURDOCK ROESTI

한식의 세계화에 크게 기여하고 있는 대중적인 한식 메뉴 잡채는 잔칫상이면 빠지지 않고 등장할 만큼 인기가 많습니다. 저도 무척 좋아하는데요. 만들기 어려운 음식은 아니지만, 준비할 것들이 많고 시간과 품이 많이 들기 때문에 집에서 자주 해 먹게 되지 않더라고요. 제가 제안하는 부추 잡채는 들어가는 재료가 많지 않지만 구운 대파와 잔열에 익힌 부추의 풍미만으로도 충분히 맛있습니다. 양념이 고르게 흡수되도록 당면을 조리는 것이 포인트이고요.
『채소 마스터 클래스』의 당근 뢰스티를 기억하시나요? 『채소 마스터 클래스』를 단숨에 베스트셀러에 오르게 한 요리로, SNS에서 아직도 인증 사진이 올라오고 있는 자타공인 히트작인데요. 당근 뢰스티를 만드는 방법과 동일하게 이번에는 우엉 뢰스티를 구워 함께 곁들였습니다. 우엉은 당근보다 수분이 적어 익히는 시간이 짧아 훨씬 빠르고 쉽게 만들 수 있으니, 꼭 부추 잡채와 함께 맛보시길 바랍니다.

2-3인분
40분

INGREDIENT

부추	150g	
우엉	150g	
대파	2대	흰 부분
마늘	2쪽	
생강	1토막	
홍고추	약간	가니시용
당면	200g	
감자전분	2큰술	
소금	약간	
식용유	적당량	
통깨	1큰술	
소스	적당량	물 500ml, 노두유 2큰술(진간장 2큰술과 피시소스 1큰술로 대체 가능), 진간장 1큰술, 피시소스 또는 액젓 1큰술, 설탕 2큰술, 후추 약간

TO COOK

1 당면은 찬물에 20분간 담가 불린다.

2 우엉은 깨끗이 씻어서 양쪽 끝을 자르고 감자칼로 껍질을 벗겨낸 뒤, 채칼을 이용해 채 썬다.

끝 부분에 포크를 꽂고 채칼을 쓰면 수월하게 채 썰 수 있다.
채칼이 없는 경우 최대한 가늘게 채 썬다.

3 볼에 우엉채를 넣고 감자전분과 물 2큰술, 소금 2자밤을 넣고 골고루 섞는다.

4 프라이팬에 식용유 4-5큰술을 두르고 우엉채를 얇고 고르게 펴서 바삭하게 튀기듯 앞뒤 노릇하게 굽는다. 다 익었으면 팬에서 꺼내 식히고 피자 모양으로 잘라둔다.

5 대파는 5cm 길이로 자른 뒤 세로로 4등분한다. 부추도 같은 길이로 자른다.

6 마늘과 생강은 잘게 다진다.

7 가니시를 위한 홍고추는 씨를 적당히 빼고 잘게 다진다.

8 예열한 프라이팬에 식용유를 두르고 대파, 마늘, 생강을 볶은 후 따로 덜어둔다.

9 소스 재료를 모두 웍에 붓고 끓어오르면 불린 당면을 넣어 중약불로 15분 정도 끓인다.

이때 뚜껑은 닫지 않고 졸인다.

10 당면이 소스를 전부 흡수하면 불을 끈다.

11 당면을 프라이팬에 옮겨 약불에 올리고 부추, 홍고추, 그리고 대파, 마늘, 생강 볶은 것을 넣어 고르게 섞는다.

12 통깨를 뿌리고, 부족한 간은 소금을 더해 마무리한다.

13 접시에 옮겨 담고 바삭하게 구운 우엉 뢰스티를 올려 함께 낸다.

가지 퓌레 라이스
EGGPLANT PURÉE RICE

시소와 우메보시(매실 장아찌)는 호불호가 강한 식재료지만, 개인적으로 정말 좋아하는 조합이라 꼭 소개하고 싶어요. 만약 시소와 우메보시를 좋아하는 분이라면 환호할 것이 분명한 레시피이니 꼭 한번 만들어보시길 추천합니다. 이 메뉴를 촬영하는 날, 친구들을 초대해 음식을 함께 나눠 먹었는데 제가 좋아하는 친구가 특별히 맛있다고 해줘서 정말 기뻤습니다.
일본 여행을 가면 잊지 않고 사 오는 것이 그 지역의 우메보시와 츠케모노(채소 절임)입니다. 좋은 품질의 우메보시는 단독으로 먹어도 맛있고 다른 음식에 곁들여 먹어도 그 향미가 황홀할 정도입니다. 우메보시를 넣어 양념한 가지 퓌레를 냉장고에서 차게 식힌 뒤 단촛물로 간한 밥 위에 올려 한입씩 먹으면, 상큼함에 눈이 번쩍 뜨일 만큼 재료 각각의 합이 좋습니다. 기분 좋은 의식처럼 매년 여름이면 한번씩 만들어 드시길 바랍니다.

2인분
30분

INGREDIENT

가지	3개	
꽈리고추	1-2개	
시소 잎	10장	
우메보시	3개	우메보시는 브랜드별로 염도 차이가 있기 때문에 입맛에 맞게 양을 조절한다
밥	2공기	백미밥으로 준비
소금	1작은술	
화이트 와인 비니거	2큰술	
레몬	1/2개	분량의 즙과 제스트
단촛물	적당량	식초 2큰술, 설탕 또는 매실액 1큰술
선택 재료		통깨 약간, 감태 또는 김밥용 김, 고추냉이, 간장

TO COOK

1 밥이 따뜻할 때 단촛물 재료와 미리 섞어둔다.

2 가지는 에어프라이어에 통으로 넣어 180도에서 25분간 익힌 뒤 세로로 반 자른다.

3 가지를 도마 위에 올리고 꼭지를 잡은 상태로 숟가락을 이용해 과육을 살살 긁어낸다.

4 가지 과육과 시소 잎, 씨를 제거한 우메보시를 도마 위에서 함께 다진 후 볼에 담아 잘 섞어 가지 퓌레를 만든다.

5 가지 퓌레에 소금, 화이트 와인 비니거, 레몬 제스트와 레몬즙을 넣고 버무려 냉장고에 1시간 둔다.

차게 먹는 것이 포인트이므로 생략하지 않도록 한다.

6 단촛물로 양념한 밥을 그릇에 담고, 가지 퓌레를 골고루 올린다.

7 꽈리고추는 얇게 썰고 여분의 시소 잎과 함께 밥 위에 올려 완성한다.

TIP

통깨를 뿌려 고소함을 더하거나 감태 또는 김밥용 김 위에 가지 퓌레 라이스를 적당량 얹어 고추냉이와 간장을 살짝 곁들이면 풍미가 더욱 좋아요.

사이프러스 렌틸콩 필라프

CYPRUS LENTIL PILAF

요즘 저속노화 식단이 한창 유행입니다. SNS에 하루가 멀다 하고 올라오는 저속노화 식단 인증 사진들을 보면서 평소 저의 생활 식습관과 비교해본 적이 있습니다. 잡곡밥, 견과류, 올리브유, 코코넛 오일, 베리류의 과일, 다양한 채소 등 제가 평소에도 잘 챙겨 먹고 좋아하는 식재료로 구성되어 있어서 안도감이 들었습니다. 그렇지만 저는 식사 후 소파와 한 몸 되기, 불안정한 수면의 질, 빈번한 알코올 섭취 등 다양한 고속노화 생활 습관에도 역시 노출되어 있음을 고백합니다.
저속노화 식단에 빠지지 않고 등장하는 슈퍼푸드 중에 렌틸콩이 있습니다. 지중해 식단을 살펴보면 저속노화 식단에 등장하는 식재료들이 두루두루 포함되어 있는데, 렌틸콩 수프에 이어 사이프러스 렌틸콩 필라프를 소개합니다. 저속노화 식단을 그저 건강한 맛에 그치지 않고 좀 더 맛있게 먹을 수 있다면 그보다 좋은 것이 없겠지요!

2-3인분
40분

INGREDIENT

쌀	100g	재스민 라이스 또는 일반 백미 사용
렌틸콩	100g	
양파	4개	중 사이즈 / 적양파로 대체 가능
마늘	3-4쪽	
생강	1토막	
이탈리안 파슬리	30g	고수 혹은 딜로 대체 가능
쿠민 가루	1/2큰술	강황가루로 대체 가능
올리브유	50ml	
소금	약간	
후추	약간	
레몬	1/2개	분량의 즙
레몬 조각	1개	먹기 전 마무리용

TO COOK

1. 백미와 렌틸콩은 찬물에 씻어 체에 밭쳐둔다.
2. 양파는 0.5cm 굵기로 채 썬다. 마늘, 생강, 이탈리안 파슬리는 잘게 다진다.
3. 웍이나 냄비에 올리브유를 3큰술 두른 뒤 양파, 마늘, 생강을 넣고 소금과 후추로 간하여 중강불로 볶다가 뚜껑을 덮어 약불에 5분간 둔다.
4. 뚜껑을 열어 수분을 날려가며 갈색이 될 때까지 볶는다.
5. 올리브유를 좀 더 두르고, 쿠민 가루를 추가해 섞는다.
6. 불린 백미와 렌틸콩을 넣고 평소 밥물보다 조금 적은 양의 물을 부은 뒤, 뚜껑을 덮고 중불에서 시작해 끓기 시작하면 약불로 줄여 약 10분간 둔다.
7. 밥이 익었는지 확인한 후 올리브유, 다진 이탈리안 파슬리, 레몬즙을 넣고 뚜껑을 덮지 않은 상태로 수분을 날려가며 강불에서 짧게 볶아 마무리한다.
8. 접시에 옮겨 담고, 레몬 조각과 함께 낸다.

TIP

플레인 요거트나 사워크림과 함께 먹으면 더욱 풍미가 좋아요.

크리미 버섯 리소토
CREAMY MUSHROOM RISOTTO

소신 발언 하겠습니다. 리소토는 식당에서 사 먹는 것이 좋습니다. 리소토에 공들일 에너지가 없다고 말하는 이들에게 저는 그냥 사 먹으라고 합니다. 그럼에도 불구하고 리소토 레시피를 이 책에 싣는 이유는 공을 들여 완성한 리소토의 환상적인 결과물을 많은 사람들이 꼭 맛보았으면 하는 바람이 있기 때문입니다.
맛의 비결은 잘 볶은 버섯과 육수를 조금씩 부어가며 쌀을 익히는 과정에 있습니다. 버섯은 수분을 날려가며 정성스레 볶으면 식감과 향이 살고, 화이트 와인은 알코올이 휘발되어 아로마만 그대로 남아, 쌀이 익으면서 모든 풍미를 흡수합니다. 치즈는 그저 거들 뿐, 생크림 없이도 완벽하게 맛있는 리소토, 이제 도전해보시죠. 누군가 이렇게 시간과 정성을 들여 리소토를 만들어준다면 그것은 바로 사랑입니다.

2인분
30분

INGREDIENT

쌀	200g	불리지 않은 백미 사용
양송이버섯	200g	표고버섯으로 대체 가능
양파	1/2개	중 사이즈
마늘	1쪽	
타임	3g	이탈리안 파슬리 5g으로 대체 가능 / 드라이 허브를 사용할 경우 1작은술
버터	40g	
올리브유	40ml	
닭 육수 또는 소고기 육수	500ml	건표고버섯 우린 물로 대체 가능
파르미지아노 레지아노 치즈	40g	다른 경성 치즈로 대체 가능
화이트 와인	50ml	
소금	약간	
후추	약간	

1 양송이버섯은 꼭지 아랫부분을 살짝 잘라내고 슬라이스한다.

표면이 깨끗한 것으로 사용하고, 갈변했을 경우 겉껍질을 한 겹 벗겨낸다.

2 육수는 냄비에 담아 약불에 올려둔다.

쌀을 익힐 때 따뜻한 육수를 바로 붓기 위해 온도를 맞춰둔다.

3 양파는 작게 깍둑썰기하고, 마늘은 잘게 다진다.

4 타임은 잎만 떼고, 이탈리안 파슬리는 미리 다져서 따로 둔다.

5 프라이팬에 올리브유를 두르고 버섯을 모두 넣어 뚜껑을 덮는다. 약불에서 2-3분간 두었다가 수분이 나오면 뚜껑을 열어 소금과 후추로 간하고 강불에서 10분간 볶는다.

6 버섯이 어느 정도 익으면 올리브유를 적당량 추가하고 타임, 양파, 마늘을 넣고 계속 볶는다.

7 양파가 투명해지면 화이트 와인을 붓고 잘 섞어준 뒤 소금과 후추로 간하고 쌀을 넣는다.

8 중약불로 볶다가 수분이 차츰 줄어들 때, 따뜻하게 준비해둔 육수를 한 국자씩 두른 뒤 계속 볶는다.

육수가 완전히 졸아들 때까지 그냥 두면 프라이팬에 눌어붙을 수 있기 때문에 주의한다.

육수는 따뜻한 상태를 유지해야 요리하는 동안 온도가 떨어지지 않는다.

9 육수를 4-5회 정도 추가했으면 밥의 익힘 정도와 간을 확인한다. 밥이 거의 익었다면 버터와 이탈리안 파슬리, 파르미지아노 레지아노 치즈를 갈아 넣고 골고루 섞는다.

10 접시에 옮겨 담고 여분의 이탈리안 파슬리, 치즈, 올리브유를 뿌려 마무리한다.

들기름 묵은지 솥밥

AGED KIMCHI POT RICE WITH PERILLA OIL

김치볶음밥을 좋아하지 않는 한국인은 아마 없을 겁니다. 맛있는 김치만 있다면 밥만 넣어 볶아 달걀 프라이를 올려 맛있게 먹을 수 있는 간단한 요리인 것은 맞지만 우리는 여전히 '김치볶음밥 맛있게 만드는 방법'을 알고 싶어 합니다. 이것은 파스타를 맛있게 만드는 방법만큼이나 '킥'이 필요한 지점이 있다는 것인데요. 재료가 간단할수록 맛의 차이가 선명하게 드러나기 때문입니다.
들기름 묵은지 솥밥은 꼭 묵은지가 아니더라도 잘 익은 김치와 들기름만 있으면 됩니다. 김치를 완전히 물에 씻어 조리하면 뒷맛이 깔끔하고 담백한 풍미가 증폭됩니다. 김치와 함께 밥을 짓기 때문에 숙성된 김치의 맛이 냄비에 눌어붙은 누룽지까지 고르게 퍼집니다. 들기름을 넉넉하게 둘러 간장 1-2큰술이면 양념도 충분합니다. 잘게 다진 미나리의 향과 식감도 함께 즐겨주세요!

2-3인분
20분

INGREDIENT

묵은지	250g	잘 익은 김치로 대체 가능
쌀	1컵 반	
진간장	1큰술	
들기름	3큰술	
미나리	70g	줄기 부분만 사용
통깨	약간	

TO COOK

1 쌀을 씻어 물에 20분간 불린다.

2 묵은지는 물에 담가 양념을 완전히 씻어낸 뒤 한입 크기로 썬다. 미나리 줄기는 잘게 다진다.

김치를 잘 씻어 양념을 빼면 좀 더 담백하고 깔끔한 맛에 집중할 수 있다.

3 냄비나 밥솥에 쌀을 넣고, 물은 평소보다 적게 붓는다.

묵은지의 수분을 고려해서 밥물의 양을 줄인다.

4 묵은지를 올리고 들기름을 한 바퀴 두른 뒤 뚜껑을 덮고 강불로 시작해 끓기 시작하면 약불로 줄여 10분간 가열한다.

5 불을 끄고 뜸을 들이기 전에 다진 미나리 줄기를 넣고 뚜껑을 덮어 1-2분간 둔다.

6 밥이 다 되었으면 진간장을 넣고 들기름을 한 번 더 둘러 골고루 섞는다.

7 그릇에 밥을 덜어 담고 통깨를 솔솔 뿌려 마무리한다.

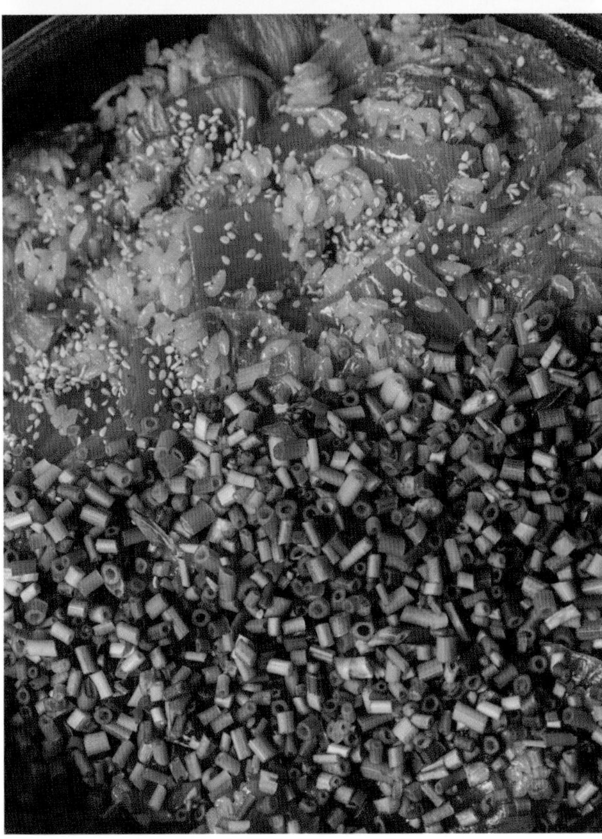

풍미 마스터 클래스

1판 1쇄 찍음 2024년 11월 4일
1판 1쇄 펴냄 2024년 11월 11일

지은이 백지혜

편집 김지향 길은수
교정교열 신귀영
디자인 onmypaper
미술 김낙훈 한나은 김혜수 이미화
마케팅 정대용 허진호 김채훈 홍수현 이지원 이지혜 이호정
홍보 이시윤 윤영우
저작권 남유선 김다정 송지영
제작 임지헌 김한수 임수아 권순택
관리 박경희 김지현

사진 · 콜라주 정멜멜
스타일링 정수호
촬영 · 레시피 도움 조수란

펴낸이 박상준
펴낸곳 세미콜론
출판등록 1997. 3. 24. (제16-1444호)
06027 서울특별시 강남구 도산대로1길 62
대표전화 515-2000 팩시밀리 515-2007
편집부 517-4263 팩시밀리 515-2329

ISBN 979-11-94087-58-8 13590

세미콜론은 민음사 출판그룹의
만화·예술·라이프스타일 브랜드입니다.
www.semicolon.co.kr

엑스 semicolon_books
인스타그램 semicolon.books
페이스북 SemicolonBooks
유튜브 세미콜론TV